大展好書　好書大展
品嘗好書　冠群可期

大展好書 好書大展
品嘗好書 冠群可期

休閒娛樂
27

輕鬆去污妙方

雷郁玲／編著

大展出版社有限公司

序文

我們對於清潔的生活、清高的人品、清靜的場所……等「清心」、「潔淨」所抱持的是，比神清氣爽的狀態更為尊嚴而神聖的印象。

在這有豐沛雨水、植物繁茂、深得造化恩賜的國度中，大自然中循環著雨、水、風的週期變化，任何一處違反自然而囤積的污垢總會在無形中淨化。

但是，如此完美的自然週期也隨著人工化學物質的陸續產生而扭曲了，從前「只要用水一沖萬物一乾二淨」的金科玉律早已不再適用了。因為，我們已經處於除非人工否則無法清除人工物質的時代了。

先人累積生活智慧所流傳下來的「去污妙方」早已不敷使用了，我們的生活中已然出現了缺陷。而這些事是大家理應已知卻仍然未知，而且也從未曾有人出來大聲疾呼改善。

難道現代生活的這些缺陷真的已無可救藥了嗎？即使沒有實質的助益，難道也沒有足以成為暗示或重新激發人們對物品保持清淨的樂趣資訊嗎？這些疑問正是促成本書誕生的機緣。

「工欲善其事必先利其器」先要有一把好菜刀，做起料理才能得心應手，若手上拿著一把能使物品潔淨的菜刀（資訊），面對眼前的油污當然會使人想試著自己去清除。

「在不應有的地方存在的，就是污垢」、「沒有擦不掉的污垢，但是，若硬要擦掉污垢會傷害本體」，希望各位從對污垢的認識，進而身體力行地去清除污垢，使自己周遭的環境更清、更新、更美。

目　錄

第二章　貴重品的去污法

第三章　清除傢俱、電器製品的污垢

第四章　去除容易疏忽的污垢

第五章　清除住宅污垢的方法

第六章　去除廚房用品的污垢

第一章　去除突如其來的污漬

1 醬油的油漬以水吸取

用餐時衣服沾到了醬油的油漬時，應當場立即處理。不論是洋裝或晚禮服，「沾到油漬的瞬間應立即清除」是絕對必要的條件。

當醬油（醬油的調味料也一樣）滴到膝蓋上或胸前，應立即用清潔的水吸一口後含住，沾到醬油污漬的部份。如果有人覺得抓起自己穿著的衣服含在口中極為不雅，可到化粧室，這可臨機應變。

不過，若不當場立即處理，事後恐怕會忘記要清除油漬或忘記污漬的地方。其他去除污漬的方法請參考下面的項目。

2 用濕布拍打污漬

沾上酒、啤酒、果汁、紅茶、咖啡、牛奶、醬油等，用餐時容易沾到的污漬，該怎麼辦？

在不小心沾上污漬的衣服部位內側墊上乾淨的手帕，從外側用濕布拍打污漬的部位。濕布的水份會慢慢稀釋污漬的痕跡，降低污漬的濃度。同時，墊在下方的手帕還會吸取其污漬。

如果忘記在下面墊乾的手帕，而只注意沾有污漬的表面，雖然污漬已經從表面消失，卻常會滲透到第二層布上。結果，只會變成把污漬從第一層布拍到第二層布而已，應特別注意。

當然，除了手帕外，其它布塊或隨手可得的衛生紙也無妨。

總而言之，最重要的是在沾到污漬時立即處置。

3 污漬應儘早清除

污漬大致可區分為三種：

(1)「水溶性」污漬。用水清洗即可恢復原貌的污漬。如醬油、酒、茶水、咖啡、墨汁、血液、果汁等。

(2)「油性」或「油溶性」的污漬。如巧克力、奶油、口紅、粉底、領垢、機油、原子筆的筆墨等。

(3)「不溶性」的污漬。口香糖、泥巴、油漆、墨汁等就屬於此類。

無論是那一種性質的污漬，在沾上污漬後立即清理，就可使污漬不留痕跡。因為時間一過，污漬會產生變質而轉變為其他的物質。不論是汗水、血液或果汁，在與空氣接觸一段時間後，就不再是純粹的汗水、血液、果汁了。

若要親手去除污漬，唯有在污漬沾到衣物後的短暫時間，立即動手做。若是請洗衣店清洗，則要向洗衣店說明污漬發生的時日。因為同樣是污漬，隨著時間的長短，藥品處理方法也不同。因為，污漬沾上衣物後會迅速的滲透。

4 利用廚房用的中性洗潔劑清除污漬

廚房用的中性洗潔劑也適合用來清除污漬。因為廚房所使用的中性洗潔劑也是一種去污劑，通常適用於較容易清除的污垢為對象。廚房的污垢多半與飲食相關，廚房所使用的中性洗潔劑，當然對與飲食有關的污垢特別有功效。

另外，清洗餐盤等含有香味的洗潔劑反而造成麻煩。

用來清除污垢的洗潔劑，本來就具有潔淨的性質。而洗滌衣物的洗潔精中，為了使纖維洗的潔白，多半添加螢光漂白劑（螢光染料）或藍劑，這在清除污漬時會造成色差，恐怕引起另一種新的污漬。

同時，肥皂或肥皂粉等，若沖水時洗滌得不夠徹底，也很容易造成衣服變黃的原因，最好不要使用於清除污漬。

5 先利用作用微量的藥劑來清除污漬

要想買九十元價位的東西，不用準備千元大鈔，只要一百元就足夠了。在清理污漬時也是同樣的道理。

清理污漬的先決條件是及時處理。這時可以利用水或開水清洗。錯失時機後就改用中性洗潔劑清理看看。如果延宕過一段時日，可能就必須用石油精、醋、阿摩尼亞等各種藥劑。

清除污漬的要訣是，儘量不要使用藥物處理。應先以作用和緩的清潔劑開始試行清理。所以，一開始當然用水或開水。

不僅是衣料品如此，對所有生活上的污垢，其清理都是同樣的道理。藥品作用越強越會傷到材質。

6 可使用去污專用的藥劑

身邊隨時可取的去污藥劑有下列幾種：

屬於「有機溶劑」，有石油精、酒精、松香油、四鹽化碳素、乙醇、丁醛（都可在藥局購得），用於清除油性污垢。

屬於「乳化分散劑」，有廚房用的中性洗潔劑。

「酸化劑」有氧化酵素或鹽酸漂白劑。利用次亞鹽素酸鈉、過錳酸鉀作漂白。

「還原劑」中有氫磺胺劑、酸性亞硫酸鈉等，也是漂白用的藥。

「鹼性藥劑」有阿摩尼亞、硼砂、硫代硫酸蘇打（可在藥局購得）等。

另外，食用醋及牙膏也有去污作用。

7 獨具魅力的「口紅」污漬

淑女不經意地在紳士身上留下的口紅，總令人覺得別有一番魅力。相反地，女士們不小心在自己衣服上留下的口紅印，卻令人覺得嘔心。

口紅的材料不一而足，其中還摻有各種不同的香料。不過，一般的口紅都屬於油性物質。

沾在木棉質料衣物的口紅污漬，在洗滌時多半會自動消除，若是沾在絹質衣物上，就會留下痕跡。這時，用沾有酒精的紗布擦取口紅，然後把沾有口紅的部位，放入溶有洗潔劑的溫水中輕輕揉搓，即可變得乾淨。

有些口紅在沾到衣物時隨即用沾有石油精的布塊或紙拍打，就能輕易地去除。當然，也有即時處理仍無法清理乾淨的口紅污漬。

8 利用石油精清除巧克力的污漬

提到口紅不免令人遐想。但是，巧克力則只有一年一度的情人節才有較特殊的意味。在情人節接獲巧克力的贈禮，往往在吃得津津有味時，不小心沾在衣服上，將羅曼蒂克的氣氛全給破壞了。而且，無論是紳士的西裝或淑女的洋裝，沾上巧克力的茶色污漬時，顯得特別引人注意。

一般人愛吃的冰淇淋上常沾有巧克力，這些巧克力在大熱天中很容易滴落下來（吃的人要小心喔！）應急的方法是隨即用沾濕的布去取其污垢。

若是使用溫水效果更好。

找不到水時，可先用衛生紙或手帕擦拭巧克力的污漬。等回到家後，再用沾有石油精的布塊拍打或沾一點洗潔劑揉洗。

9 難以清除的粉底污垢

好不容易化了一臉好妝，正打算換衣服時，常會出差錯。最常見的是粉底沾在衣領上。

真討厭！（男人大概無法瞭解這個心情吧！不過，雖然沒有男人會在衣服上沾有自己的粉底，不過較幸福的男人往往會有衣物沾上其他女人的粉底。譬如在擠沙丁魚捷運內就常有這類的事件。）

粉底的污垢很難清除，所以，最令女人頭痛。冬天經常穿著的外套領口上若有粉底的污垢，的確另人不快，結果還要送到乾洗店清洗。若用沾有石油精的布塊拍打清理，沾得不牢的粉底仍然可以清除乾淨。如果還是無法清除，就用一把不要的牙刷，沾洗潔劑輕輕地刷洗，再用清潔的水清洗就行了。

領垢（油垢）也可利用類似的方法，首先用石油精擦拭，若還無法清除時再用洗潔劑。

10 沾到口香糖別急著清理

沒有比沾到口香糖更令人生氣的事。如果是自己嚼過的倒還能忍受，但是，一想到是在別人嘴中幾番咀嚼過的口香糖，不由得令人感到嘔心、氣憤。不過，既然沾到了也沒有辦法。

這時，當然必須將口香糖從衣服上去除，但千萬急不得。因為，柔軟並有伸縮性的口香糖反而難以收拾。在拔除時處理不當，口香糖反而深陷於布料的紋理裡。

當衣服沾上口香糖時，先用水或冰冷卻使其凝固，凝固之後再試著拔除。若能拔除是最好不過的。

若還留有些許的口香糖殘渣，就用石油精或指甲油的去光液擦拭，在沾有口香糖的部分，用手輕揉使其掉落。除了石油精外，亦可使用松香油，但使用松香油時要注意不可傷到衣料。

11 衣服沾上咖啡、紅茶時

在咖啡店裡點叫的咖啡，若連加不加牛奶服務生也要過問的話，這家店的咖啡一定不好喝。咖啡加不加牛奶應該任憑顧客的喜好，不過，除了這種不自由的咖啡店之外，還有一種太過自由而令人皺眉頭的咖啡店。即是服務生遞上一杯連咖啡托盤上也濺有咖啡的店。這彷彿是在告訴顧客「杯子底下有托盤，咖啡、紅茶可自由翻倒無妨」。

碰到這種狀況，顧客也只能忍耐這種怠慢。但傷腦筋的是，當發現這些咖啡滴滴答答地從咖啡杯滴落下來時，自己的衣褲早已遭到污漬之殃了。

咖啡、紅茶的污漬必須當場立即清除。用紙巾或手帕，總之利用沾濕的布塊拍打污漬的部分或以抓取的方式擦拭，處理綠茶的污漬也是一樣。咖啡、紅茶的污漬必須迅速清除。因為，時間一久會變成難以清除的污漬。

12 沾到原子筆的筆墨時

最近原子筆的性能越來越好，不過，手拿著原子筆做事時一不小心，衣服就會沾上原子筆的筆墨。遭了！留下了一條細小卻是難以清除的污垢。

原子筆的筆墨不只是油性，其中還摻雜有會產生獨特黏性的樹脂或蓖麻油，極不容易清理。用石油精拍打也沒什麼效果。所以，最好加點洗潔劑搓洗，或在紗布上沾上酒精、松香油拍打後再清洗。

在此必須注意的是，若過量使用松香油會傷害到衣料，尤其是合成纖維，絕不可使用松香油。

另外，也可利用清除原子筆筆墨的專用溶劑。這種溶劑可在超商或百貨公司購得，先用溶劑點在沾有原子筆筆墨的部分，再用沾水的刷子刷洗污垢，最後用清水揉搓。但這會傷害到絹質的布料。

此外，家庭用的洗潔劑也多少具有清除原子筆筆墨的作用。如果非常在意原子筆的污垢時，可用漂白劑清洗污染的部份。

清洗數次之後，污漬慢慢地就消逝無蹤了。

13 沾上鞋油或複寫紙的油污時

若要使用鞋油或複寫紙的油墨時，最好穿著不怕髒的衣服。若不小心沾上了，還有這本書可依靠。

和原子筆的筆墨一樣，鞋油及複寫紙的油墨都屬於油溶性，兩者都可說是很難清除的油漬，不過，可和清理原子筆筆墨的情形一樣處理。一發覺沾上這些污漬時馬上處置。當然，用水拍打是毫無效果的。

簽字筆或奇異筆（油性）也可立刻用沾上石油精、松子油的布塊拍打就可以清除，請特別注意不要傷害到布料，開始時最好在同一塊布料的角落處先做試驗。

14 沾上藍、紅墨水時

當你不經意地甩弄著鋼筆，墨汁突然濺到白襯衫時，請勿傻愣愣地看著墨汁漸漸擴大，應立即到有水龍頭的地方。抓起沾到墨汁的部份揉搓，或將襯衫整件脫下來用力搓洗。總而言之，必須馬上用清水沖洗。

藍、紅墨水的污漬，卻多半會留下黃污痕，這和在紙上用去墨液消除墨汁的情況是相同。沾在布塊上的墨汁，即使用去墨液清理也仍然會留下黃污痕。這時若持續用洗潔劑搓洗數次，墨汁的痕跡泰半能洗淨。

如果仍然無法去除污痕時，就用漂白劑。但是，市面上所販售的漂白劑有清除廚房抹布等白布專用的漂白劑，或可使用於有顏色、花樣衣服的漂白劑，也有不適用於絹質、羊毛衣料的漂白劑……種類很多，使用時務必注意漂白劑上的說明後再使用。不過，任何漂白劑多少都會傷到衣料，所以，原則上漂白劑還是使用於白色衣料上。

若絹質衣物沾上鋼筆墨汁時，在污漬部位下面墊著面紙（化妝綿之類吸水性佳之物更好），用沾上水的布塊由上拍打，讓污垢滲透到下面的紙張。但是，這只是應急的措施。在應急處理完畢後，趕緊拿到洗衣店處理才是明智之舉。

15 沾上油漆時該怎麼辦？

人心真是難以捉摸。

當看到公園坐椅上寫著「油漆未乾勿坐」的警告標誌時，人往往會故意伸手觸摸以試其真假。但是，這一摸手立即沾上了油漆。不是警告你了嗎？剛刷上油漆。

不過，一般人往往覺得油漆或許早已乾了，於是想試試看。但是，卻不幸地沾上油漆，而有人一疏忽甚至連衣

油漆未乾勿坐

服也沾上油漆，這時該怎麼辦？

比較專業的作法是：「滴上石油類的溶劑或揮發油，再用布塊拍打」。

在一般家庭也可以處理的方法是利用垂手可得的藥品——石油精。當沾上油漆時，要儘快用沾有石油精的布塊（下面墊著其他的布塊）拍打污漬的部分。持續地拍打時，污漬會漸漸地消失。

但是，如果沾上油漆經過一天以後，油漆會迅速硬化，若想從衣服上清除，必會傷到衣料。這時必須採取物理性的拔除方法。衣物沾上油漆時，即使要送到洗衣店也要越早越好。

16 染髮劑的污染該怎麼辦？

若讓標榜絕對不褪色的藥品和絕對可以褪色的藥品對決，情況不知如何？

這可說是現代版的「矛」與「盾」。不過，這除了是藥品之間的對決外，其中還包括使物品的材質是否適合藥品「染上、塗上」的問題，果真要較量起來可沒完沒了。

墨液的污垢難以清除，是眾所皆知的事。宣紙等沾上了墨汁，兩千年也依然故我，但是，墨汁若沾在玻璃上，隨手用布一擦就乾淨。所以，所謂的「絕對」最重要的問題是該污漬是沾在什麼東西上。

從這一點看來，染髮劑若沾在衣物上，就變成「絕對」無法清除的污垢。因為染髮劑中包含酸化染料，這和「慢慢吸收空氣中的氧氣而恢復原來顏色的染料」不同，其中早已包含氧氣。所以，顏色已經固定，不會褪色。使用染髮劑時，先決條件是穿著即使沾上染料也無妨的衣物。

17 自古以來的去墨法

面對桌前的硯台與墨，不由得令人興起正襟危坐的氣氛。手磨著墨不知不覺中心情漸漸地和緩下來，充滿著傳統的書卷氣。正尋思何以有這麼奇妙的心境時，一不留神弄倒了硯台，墨汁四處飛濺。

各種污漬中，自古以來以墨汁最難清除。古人清除墨污的祕訣是水和「飯粒」。

首先用清水立即清洗沾到墨汁的地方，一沾上墨汁立即用清水清洗。若是水洗也無法清除的墨痕，或時間已久的污漬，可用沾有洗潔精的飯粒或牙膏塗在污漬上用手搓揉的洗。在搓揉中衣服上的墨會滲透到飯粒或牙膏上。

18 酒類的污漬要當場處理

古老的傳說常令人覺得訝異、懷疑。

據說女人其實比男人強；持續喝咖啡會中毒；大象可生存一百五十年；在高級酒吧已開過的礦泉水，其中多半被調包為一般的水……。

真的嗎？假的吧！據說衣服上有香煙味時沾上酒或啤酒的污漬，就不容易留下污痕……這些傳統的資訊之所以令人不敢苟同，乃是實際依法炮製時，並沒有出現什麼特殊的效果。因此，當衣服沾上酒類時，不如立即就擰乾沾有開水、清水的布塊拍打污漬的部分。然後，回到家裡再用沾上洗潔劑的布塊拍打，再用擰乾的布塊擦拭污漬。

酒類的污漬應立即處理，多半不會留下污痕。但是，污漬有時會噴到意想不到的地方，在宴會之後，應該留意貴重的服飾是否沾上了酒類的污漬。

若經過一段時間之後才發覺，可在醋裡加幾滴阿摩尼亞，用布沾濕之後拍打污漬的部分。

19 果汁的污漬可利用漂白劑處理

葡萄柚既不是葡萄為何稱為葡萄柚？其實它是一種柑桔類。據說是以其結果的狀態和葡萄的形狀一樣才如此命名。

葡萄柚的確美味可口，是東方人喜好的水果之一，切成一半加點砂糖，用湯匙挖著吃別有一番美味，可是一不留神果汁就噴灑出來沾污衣物。

這些很容易噴灑的果汁，成為難以清除的污垢。譬如，水蜜桃的汁液、西瓜汁等，雖然其造成污漬的程度因布料而有差別，卻還是會變成難以清除的污垢。

和醬油、調味汁的污漬一樣，果汁的污漬應當場用水或溫水清洗，或用沾水的布塊（或面紙）彷彿抓取布塊一樣地搓揉，再用洗潔劑清洗。

經過這些處理後仍然留有黃色污痕時，再使用漂白劑。使用漂白劑後必須注意充分的脫水，將藥味清除乾淨。

20 為何無法清除血液的污漬

蛋可說是蛋白質的結晶。把蛋打在平底鍋上想煎個荷包蛋，結果蛋白的部分立即凝固成皮。

遇熱立即凝固乃是蛋白質的特徵，而人的血液也包含這種蛋白質。

一般而言，洗潔劑在溫水中比在清水中更容易溶解。因此，有些人認為洗衣服要用溫水。但是，洗滌沾有血液污漬的衣物時，這個觀念就錯誤了。

沾上血污時立即用清水快速洗滌，就能迅速清除。若不易洗滌時，用沾有水的布塊拍打或抓取式地擦拭，然後，再用洗潔劑或肥皂搓揉清洗，一定可以洗得一乾二淨。

若血污變成難以清除的污垢時，則要浸泡在還原漂白劑的液體內加以清理。

另外，清除血液的污垢（花枝的墨也一樣）有一個相當「著名」的方法是抹上蘿蔔碎末（或用蘿蔔的切片拍打）。這是因為蘿蔔中含有能分解蛋白質的澱粉。但是，現在洗潔劑或還原劑隨處可得，而且，利用洗潔劑清理污垢，事實上也較為方便。當然，時間已久的血污則另當別論。

21 領帶的污垢（石油精）

買一大瓶石油精（benzine）回家，迅速地將它倒進咖啡的空罐裡，將二、三條已經有汗漬油垢的絹質領帶捲好放進裡面，蓋上蓋子密封。密封的過程中要不時地晃動咖啡瓶。二、三十分鐘後取出來晾乾，乾了之後再檢視領帶。

如一般所言，石油精真的可以將領帶洗得一乾二淨。但是，本來透明光亮的石油精，已經變得污濁而不透明。

有一次，和某洗衣店的權威閒話家常時，不期然地得到同樣的結論。這個結論是利用石油精洗滌領帶，是家庭式乾洗的最好實驗。不過，其所花費的費用而言，和送到專門的洗衣店清洗並無兩樣。而且，即使將石油精小心地給予密封，若不使用時仍然會蒸發消失。

雖然如此，利用石油精清洗領帶倒是頗為愉快的經驗。何不撇開算盤試試看！

22 清除領帶的污垢（利用水）

絹質的領帶和「水洗」無緣。因為水洗後的絹質領帶將會變形。

相反地，混紡品或合成纖維的領帶，用水洗即可洗淨污垢。為了防止變形，可在領帶裡側放進防止變形的硬紙板，然後澆上水，用沾有洗潔劑的刷子刷洗沾有污垢的部分。

清洗時若把裡面的型紙弄濕而扭曲，就枉費苦心。因此，應花點功夫用塑膠帶密封型紙或用鋁箔紙、尼龍製的保鮮膜包緊以避免滲水，迅速地洗淨後充分地用水清除洗潔劑，再用毛巾按壓地取出水氣，然後硬紙板就插在領帶內與領帶一起曬乾。

23 可用洗澡水洗滌嗎？

「洗完澡後的洗澡水，一定有人體的油垢吧！用這種水清洗白色衣物，豈不等於是『再污染』嗎？」

這是反對用洗澡後的水洗滌衣服的代表意見。

這並非無的放矢之論。但是，一般的家庭洗衣服都用洗潔劑。而洗潔劑不但可清除衣服上的污垢，連洗澡水所含有的污垢也一併清除。尤其是冬天，水管的水降至二、三度C時，洗完澡後的洗澡水還保持將近二十八度C的水溫，這個溫差可促進洗潔劑的功能（介面活性劑的洗潔劑中，主要成分會滲透到布料當中），所以，若使用溫水更可促進去污效果。不過，最後必須利用乾淨的水沖洗乾淨。

24 不可用開水洗衣服

沒有比在寒冷的冬天洗衣服更叫人難受了。雖然已經有洗衣機，但冷水畢竟還是冷水，若要使用溫水時，多少溫度的水才是恰當呢？難道溫度越高越好，是否滾燙的開水最適合洗滌衣服？

一般而言，洗滌水的溫度高時，洗潔劑很容易溶化在水裡，也可以充分地除去包含在污垢中的脂肪粉，提高洗淨的效果。但是，針對洗潔劑而言，使用開水只是增快其溶解的速度而已。換言之，光是溫水只要多洗一段時間，也有其洗淨效果。當然，溫水洗滌的時間，有各人心境上的差異，水的溫度保持在三十~四十度C左右是最為恰當。

最明顯的理由是，開水會傷害布料的纖維。木棉質料的衣物不怕碰到高溫，但是，絹、羊毛、人造絲，尤其是合成纖維最不耐熱。合成纖維必須注意使用不超過六十度C的水。若不小心加入過燙的水，衣服的纖維會像燒烤尤魚絲一樣地捲縮在一起。另外，常泡開水時，衣服的染料很容易溶化在開水裡。

25 「添加酵素的洗潔劑」不可使用開水

在洗潔精中配合活酵素以分解衣物的污垢，達到清除污垢的洗潔劑（配合蛋白質分解酵素的洗潔劑），亦即所謂的「添加酵素的洗潔劑」，使用這種洗潔劑時絕對不可使用開水。因為，開水會抑制這種洗潔劑分解酵素的作用。

從科學的觀點而言，在前面也提及蛋白質遇熱會凝固。當溫度達到將近八十度C時，蛋白質的污垢會變質而成為附著在衣物上難以清除的污垢。因此，分解酵素就無法發揮其功效。

換言之，添加有蛋白質分解酵素的洗潔劑，所使用的開水以三十～六十度C為最理想。必須注意不可使用比此溫度更高的開水。

26 在洗衣機洗衣之前，應做重點式的搓洗嗎？

一般提到洗衣服，現代當然是指把衣物放在洗衣機內，這時的預先搓洗是指不添加洗潔劑而只用清水搓揉。

到底應不應該這麼做？

從前，平常的衣物以木棉料為多，還未有合成纖維的質料時，油污的種類也單純，多半是泥巴、汗水或油垢等。這時，放洗滌之前，先將衣服泡在水裡，讓清水先去除在衣服上的污垢，可提高洗滌的效果。

但是，現代的衣物以合成纖維為多。如果和其它的污垢長期浸泡在水裡，反而會吸取其它的污垢。因為，合成纖維很容易吸收污垢。

綜合以上兩種狀況，除非是清洗污垢非常嚴重的衣服，否則現代人利用洗衣機洗衣服是不須預先泡洗。一開始就可以加入洗潔劑放在洗衣機內洗。預洗之外的預浸（事先浸泡在水裡）中若添加洗潔劑，洗潔劑可防止污垢再度污染其它的衣物。因為，洗潔劑的粒子可以包住污垢，使其不會再滲透到其它衣物上。

27 用過洗潔劑後可再添加嗎？

有些人在洗滌衣物時，常會懷疑洗潔劑的標準用量是否足夠？而總是額外地再添加一些以求心安。據說這是人們在有了味素以後的習慣。有些人在料理上桌前還要加上一點味素才覺得美味可口。某些人在洗衣服時雖然依定量放進洗衣粉，卻在事後再添加一點洗潔劑。

其實，洗潔劑放得越多並不代表更容易清除掉污垢。洗潔劑的用量若多出其與「水」、「衣物」之間的平衡，是無濟於事的。因為，這已經超過洗潔劑溶解在水（或開水）中的飽和狀態。

相反地，若要添加洗潔劑清洗衣物時，如果發覺污垢相當嚴重，洗滌水已經混濁、洗潔劑似乎不夠時，最好把洗滌的水全部換新。已經包含污垢的洗潔粒（洗淨力）即使再加入新的洗潔劑，也無法增進洗滌效果。

因為最初所放入的洗潔劑的主要成份——介面活性劑早已發生作用，利用「乳化或溶化」的作用包圍住污垢（已經改變形態變成其它物質），和新添加的洗潔劑已經不一樣了。

28 木棉或麻質衣料可一起使用洗潔劑與漂白劑

內衣若呈現污垢，不論是自己的或他人的，總令人覺得不舒服。

若想漂白木棉質料的內衣、襯衫、抹布、毛巾時，可將洗潔劑與漂白劑（鹽酸性）混合洗滌，而不必先洗再漂白。如果洗滌水量太多，漂白劑會被稀釋，因此，水量最好比一般洗滌時少。

市面上也有出售可以漂白合成衣料的漂白劑（例如酸醋系漂白劑），即使廠商也都認為最好避免和洗滌用的中性洗潔劑並用。因為，漂白劑和中性洗潔劑相較起來是屬於弱鹼性物質，恐怕無法發揮漂白效果。

一般而言，漂白劑有時對某些纖維的衣類，非但無法達成漂白的效果，還會造成黃色的污垢。尤其是樹脂加工較多的女性內衣，使用漂白劑反而會使衣物變黃。

因此，除了洗滌木棉、麻紗質料的衣物，可以併用洗潔劑與漂白劑外。其他應特別注意漂白水的使用說明後再使用。

29 洗潔劑必須先閱讀其使用說明

時代漸漸地在進步。但是，隨著時代的進步各種新穎的商品也相繼問世，這點倒無法教人評斷是好是壞。

不知是為了從家事中偷懶，還是為了使家事更為充實，總而言之，在要求純淨潔白的洗滌世界中，本來使用洗潔劑與漂白劑時，必須注意其彼此間所造成的化學作用。如今也已變成雙效合一的商品。

具有刺鼻的藥水味、水質滑溜的鹽酸系漂白劑，只對木棉、麻紗等具有漂白效果，除此之外，尼龍或樹脂加工等合纖衣物，用漂白劑漂白反而會因藥品的關係而變黃。

為了彌補這種缺失而問世的是將「對合纖衣物也具有漂白效果的酸素漂白劑，與其配合使用也能發揮洗淨效果的洗潔劑」兩種效用合併為一，成為「每天洗滌每天漂白」的洗潔劑。這就是在一般的洗滌中，不論是合纖、有色、有花紋的衣物都可同時洗淨、漂白的洗潔劑。

話雖如此，這種洗潔劑卻非萬能。其對毛、絹質衣料是不適用的。「漂白劑藥性越強就會出現藥品上的性質，因此在使用上必須特別注意」。

總而言之，具有藥性作用的洗潔劑，不論是衣物洗潔劑、住宅用的洗潔劑或廚廁用的清潔劑，都應詳細閱讀其說明書後再使用。越容易清除污垢的洗潔劑（藥品性作用越明顯），一有疏失越有明顯的損失……。洗潔劑的說明書其目的就在此。

30 絹織品必須小心處理

絹是富貴的象徵、權威的偶象。的確，絹質不論是穿在身上或撫摸、觀看，會令人產生一種如夢似幻般的遐想。

若將油污和絹質衣物連想在一起，絹製品比其它的纖維較難發覺污垢。

以秋冬所使用的圍巾而言，整個秋冬季裝飾在身上到天氣暖和時，才覺得圍巾也該洗了而趕忙送到洗衣店。

絹製品若遇水會漸漸變黃，因此，若是白底的絹製品最好送去乾洗。絹質的高級上衣也最好委任洗衣店清洗。若想自己清洗時，最好在三十～四十度C的溫度中添加中性洗潔劑，用手輕輕地揉洗。

擰乾時最好用手按壓或用毛巾捲起擰乾，注意不要在絹質布料上留下擰扭時的痕跡。若只是打算用脫水機來脫水，也可能因脫水過久而產生小縐紋。

脫水時，最好按上開關後繞轉五秒左右即從脫水槽取出，如此程度地脫水後放在涼處陰乾。絹製品的處理方式要小心謹慎。脫水後可使用防止帶電的柔軟劑，以保持絹質的獨特品味。

31 柔軟劑不可與洗潔劑一起使用

襯裙的下擺捲在裙子上，也許是產生靜電的關係，走路時，下擺紛紛捲曲在大腿上，這種情況最傷腦筋。褲襪也是合成纖維、內衣也是合成纖維、裙子與裡襯同樣也是合成纖維時，會產生帶電現象而霹靂啪啦地發出彷彿煙火般的聲響。

這時，商人們因應消費者困擾而問世的，就是各種柔軟劑。這些柔軟劑的主要成分一般而言是陽離子介面活性劑，而一般的肥皂或合成洗潔劑多半是以陰離子介面活性劑為主要成份。由此可見柔軟劑和洗潔劑的性質正好相反，若一起放進洗滌水中，效果自然消失。

因此，必須充分地洗淨洗潔劑之後再使用柔軟劑。衣物浸泡在含有柔軟劑的水中三分鐘左右，會產生效果，不過，用手按壓或在洗衣機內清洗，使柔軟劑充分地滲透到布料中，比浸泡更具效果。唯一例外的是，市面上亦有將洗潔劑和柔軟劑的成分合而為一的商品。這個商品不但可以將高級衣物（絹、羊毛）的油污以按洗的程度清除掉，還具有使布料柔軟的效果。

32 毛線衣必須用手清洗

六歲小孩穿著的可愛毛衣，卻縮水為四歲孩童的尺寸的小毛衣，這是毛製品在洗滌上經常發生的現象。

越是純製品，越會發生這種縮水現象。如果成年人碰到這種事情更為困擾。三十三歲的大男人所穿著的毛衣，即使縮小成二十七年輕小伙子的尺寸，不能穿的還是無法穿上街。除非想使自己變得年輕，穿著縮短得不合體裁的毛衣上街，恐怕有礙觀瞻。

毛線衣要在三十度C左右的溫水中添加洗潔劑（中性洗潔劑或弱鹼性），浸泡十分鐘左右。

然後用按壓的方式清洗，同時，用溫水沖刷。再使用柔軟劑以保持毛料特有的柔感。

脫水時和絹製品一樣，要輕輕按壓以避免變形。同時只能在脫水機脫水二十～三十秒左右。

33 污垢嚴重的長褲、裙子

長褲、裙子都是陪伴自己一整天的「可愛伙伴」。每個人都有幾件自己中意的長褲，或穿起來特別舒服的裙子。正因為是自己所中意的服飾，有時即使季節已經更換，也捨不得替換。當然，沾上污垢的比例自不在話下。

一般而言，上班或家庭所穿著的長褲、裙子都可在自己家裡清洗。不過，到底是該送洗衣店清洗或自己動手洗，全憑自己的判斷。若無自信，可將不知如何處置的衣物帶到常去的洗衣店請教「可不可以用水洗」？

對方若是面有難色，最好委託洗衣店代勞。不過，有些洗衣店不顧消費者的立場而只顧自己的生意越多越好。所以，這時你要注意的並非褲子或裙子，而是那老闆的臉……。

34 去除枕套油垢的方法

「高枕無憂」這句成語被認為是萬世太平的印證。不過，有不少人反對因為枕頭太高使得頸項疼痛而失眠。如此說來「高枕難眠」是不安的證據嗎？在此姑且不予深究。不過，大概沒有比枕套這種即便洗滌後還覺得不夠清潔的東西吧。

枕套最容易沾上髮油、整髮劑。若能一個禮拜一次在還沒有確實感到污垢之前換洗，就不會出現油膩感。但是，一星期的時光稍縱即逝，一疏忽就忘了換洗。

在相當於洗澡水熱度的開水裡放入洗潔劑，把枕套浸泡在裡面，經過二、三個鐘頭後，再放入洗衣機裡面洗，便能清除其中的油垢。清潔的髮絲及潔淨的枕套都能使人感到神清氣爽。

35 弄髒了租來的衣服該怎麼辦？

大概不會有人穿戴承租而來的高貴衣裳去釣魚吧！據說出租的衣裳所沾上的污垢、污漬，多半是宴會中的飲食或酒類等，在宴席中難免就會沾上污垢。

在租借的衣服上沾上污垢，若不處理而送回出租店，必須支付額外的洗衣費。以租借者的立場而言，與其自己清除污垢或送去洗衣店清洗，不如送回原來的出租店告之實情較為妥當。因為，萬一不小心在清理衣物時把衣服搞砸了，原本打算用租借比較便宜的衣裳反而要賠償一筆大錢呢。

36 只有污漬應先用水清除

「已經小心注意了，還是在這裡沾上了污漬。」

雖然發現正要收拾的外出服上留下污漬，卻記不得是什麼所造成的污漬了。這時，不論是何種污漬，都要先用清水擦拭看看，若能擦拭乾淨是最好不過的，否則接著就用含有輕微洗潔劑的水，將沾有污漬的部分用抓取的方式擦拭，如果藉此可擦拭乾淨就利用水沖淨之後，在下面墊著乾布（或面紙）從上面用沾有清水的布塊輕輕地拍打，把洗潔劑拍打乾淨，再將縐褶的部分拉開後烘乾。

若洗潔劑也無法奏效時，可能就是油性的污漬。這時就用石油精（或酒精）擦拭。但是，這時是您下判斷的時候了。因為，在美麗的花紋上沾上酒精或石油精，使污漬顯得更大就糟了。

若有人覺得「沒關係，我就是想親手把這個污漬清除掉」時，請先從較不起眼的布角試試看，看看是否會傷及布料（是否有褪色的現象）等等。

37 用竹塊取石油精

石油精會瞬間蒸發，因此，使用石油精之前總令人緊張。即使密封在瓶罐內的石油精也會蒸發，難怪打開封蓋時會覺得慌張。

若直接用手夾住脫脂棉吸取石油精，指頭會受到侵蝕而發白。

因此，想要做簡單地清除污漬時，可在竹片前端捲上砂布或綿花，再吸取石油精。然後拍打沾有油漬的部分，這時要注意把石油精滴在污漬的中心，用沾有溫水的布塊在污漬的周圍輕拍，以避免造成污漬。等乾了之後才可將衣物收在衣櫃裡。

第二章　貴重品的去污法

1 手錶掉進水裡時……

根據鐘錶業者所言，若把水龍頭的開關完全打開，從水龍頭宣泄而出的水直接沖到手上的手錶時，大概是兩個氣壓……。若是如此，那麼一般所使用的「日常生活用防水加工」的手錶，就無法抵擋這種水壓，水必定會滲透入手錶內。

完全防水的手錶和「日常生活用防水加工」的手錶，並非同屬一類。其基本製作方式完全不同。

換言之，在一般生活中手錶的大敵是水，日常用的防水加工錶，若是完全浸泡在水中根本沒有防水效果。

總而言之，手錶一旦進水，應立即送到鐘錶店修理。

即使不小心掉在洗臉槽裡，要先用乾淨的布塊搽拭乾淨後，趕緊拿給修錶師父檢查。

另外，去海水浴場時，為了避免手錶沾上沙土或跑進鹹水，最好準備一個透明的空罐子，把手錶放進裡面，不但安全還可透視裡面。當然，也可以使用透明的塑膠袋。

2 鑽戒可以用水洗

據說歐洲有一個習慣，父母會在女兒十二歲生日時送寶石作禮物，這是表示「今後妳已經是一名女性，必須具有女性的自覺與責任」。

沒有這種習慣的我國，女性第一次接獲的寶石大概是訂婚戒子。訂婚戒子之所以戴在左手的無名指上，是源自古希臘人的信仰，認為愛情的血液由心臟流向左手邊的無名指。

各位讀者是否知道誰擁有世上最大的鑽戒？

一九〇五年在南非聯邦所發現的「STAR・OF・AFRICA」竟然雕刻成一百零五個鑽石，其中重達五三〇・二克拉的「卡俐藍一號」是目前世上最大的鑽石。如今鑲在英王室的錫杖上。

除了鑽石之外，藍寶石、紅寶石、翡翠等硬度較高的寶石，不易受損也不會變質，因此，可在水中清洗。

在溫水中溶入中性洗潔劑，將寶石在其中輕晃，也可利用毛刷輕輕刷洗。

戒子裡側多半有纖細的鑿工。但是，若沾有污垢可用牙籤沾上洗潔劑清除。然後用清水洗淨後，再以柔軟的布塊完全去除水分。

3 戒子的台座浸泡在重碳酸鈉的水中清洗

天然寶石再怎麼美麗，也不會單獨成為裝飾品。必須附帶有貴重金屬，變成戒子或別針、項鍊才可穿戴在人的身上。

戒子的台座除了白金之外還有黃金、銀等。越是高級品多半有使用白金的傾向。因為白金可以突顯任何寶石的亮麗，又不易生銹而且堅固。但是，金或銀的台座較不耐鹹分會變黑。

這時，可利用牙膏擦拭或在重碳酸鈉上加點水擦拭，就可變得晶瑩光亮（重碳酸鈉可在藥局購得）。

4 使戒子光亮的方法

白金的結婚戒子或金項鍊等多半隨身攜帶，因此，很容易沾上污垢，時日一久就失去光澤。

戒子可利用牙刷沾重碳酸鈉輕輕地擦拭，即可恢復原來的光澤。

至於項鍊，由於擔心弄斷，所以不要使用刷子，可用指腹輕輕地搓揉。不但可由觸覺確保其安然無恙，也能充分地搓揉乾淨。

總而言之，擦拭完畢後用水清洗，再用輕柔的布塊吸其水氣。

花一點小功夫，就可使重要的結婚戒子在經過十幾年後也依然保持晶瑩光亮。

5 銀飾品變黑時

戴著銀手鍊去泡溫泉，結果銀手鍊變得一團黑。

銀的戒子、別針、手鍊或項鍊等，即使只放在桌上數日後，表面也會變黑。這是因為接觸空氣造成酸化而產生酸化銀的緣故。

和金、白金一樣，用與水混合的重碳酸鈉擦拭，就能乾淨地去除污痕。但是，若是鍍銀製品，鍍銀面恐怕有剝裂的危險，不可連續擦拭。請專門店重新鍍銀。

黑色銀製品不可使用重碳酸鈉處理，只可用酒精輕輕地擦拭。

6 珍珠不耐汗

據說絕世美女的埃及豔后，為求永遠的美貌而飲下珍珠粉。

珍珠是否是美容的特效藥倒不得而知。不過，珍珠和其它寶石不同的是，寶石必須藉由琢磨才能散發獨特的光芒，而珍珠從貝殼取出後就是個完美的寶石，可說是天然的寶石。

據說，粉紅色系、藍色系、銀色系等直徑在十公釐以上的珍珠是上等貨。

其硬度在寶石中最低，很容易受到傷害而且不耐酸性。珍珠項鍊可搭配任何顏色的衣服，而且顯出清新高貴的氣質。一條珍珠項鍊的利用價值極高，但是，經常戴在身上與肌膚接觸，而人的汗水含有酸性，不使用時一定要用柔軟的布塊仔細擦拭。

另外，串連珍珠的線有時也必須更換。若線已經老舊還再使用，可能出乎意外地突然斷裂，除了珍珠之外，珊瑚、浮雕的寶石、蛋白石也不耐酸，必須像珍珠一樣小心處理。收藏在寶石箱時，和較硬的寶石碰觸時會受到損害，因此，必須包在柔軟的紙或布內。

7 塑膠製的手環用水洗

夏天強烈的陽光下，戴上色彩鮮豔而設計突出的塑膠手環最為搭調。好幾個纖細的手環套在手臂上，可以隨時享受手環在手臂上上下下時的清脆聲音，或套上五公分粗大的手環，充分展現出個性的時髦裝扮。

夏天是出汗的季節，外出回來時，洗手的時候也順便用清水沖洗一下手臂上五彩繽紛的手環吧。

白色手環或項鍊墜很容易變黃，將廚房用的漂白劑用水稀釋後，把它浸泡在裡頭，不久就恢復潔淨清爽的面貌，然後再用清水充分地將漂白劑洗淨。

8 皮革製品必須留意濕氣與污垢

不論是那一種皮革製品都會潮濕，一不小心在潮濕氣與污垢的地方會發霉。同時，還會因此而褪色及變形。它可說是「有生命」的製品。

皮革製品上的污垢不能坐視不管，在不得已的情況下可用沾上開水後擰乾的布塊擦拭皮革，然後再陰乾。若直接曝曬，皮革會變硬。

所謂皮革的「皮」本來就有毛皮（處理後還帶著毛的獸皮）的意思，而「革」是所有處理過的皮類的總稱。但是，一般都以「毛皮」代表帶有毛的皮，因此，在此稱所有處理過後的皮以「皮」表示。

在皮革當中，首先我們來談比較容易處理的皮製品。皮外套可說是其代表。在維護上首先以毛刷清除污垢，一般而言，皮製品上的染色很容易褪色，因此，若只集中在污垢的部分刷，雖然清除了污垢，也可能造成了褪色的結果。因此，最好輕輕地用刷子刷或用法蘭絨之類輕柔的布塊擦拭整個外套，及特別髒的部分。

如果有嚴重的污垢時，就在溫水內加入皮革用的洗潔劑或中性洗潔劑，用布沾濕後擰乾再擦拭整件皮革，然後用沾上清潔溫水的布擰乾後擦拭一次，最後用乾布擦去水分，再將其陰乾。通風二、三個鐘頭到半天左右，在衣櫃裡放一些乾燥劑或防蟲劑（不可直接放在皮製品上），再將皮製品放入。

9 鞣製品該如何去塵除垢

溫暖而優雅的感覺，美麗的染色。鞣製品（裡皮）常令人升起一股莫名的夢幻感。不過，在使用方面卻具有一沾上手垢、油脂污垢，難以清除的麻煩。但這也正是鞣製品之所以顯得高雅尊貴的魅力所在。

鞣製品有外套、鞋子、皮包、帽子、小皮包等總類繁多，不過，絨毛製品很容易沾染污塵。這些塵埃可用絨毛製品專用毛刷，從逆毛方向刷除。另外，也可利用吸塵器吸取其中的塵埃。

污垢的部份可用砂紙輕輕的刷除，若用力刷會造成污垢的部分掉色而變白，必須特別注意。除了砂紙之外，也可以使用皮革製品專用的橡皮擦。

鞣製品絕不可以用水洗或洗潔劑，若有人敢向這些禁忌挑戰（像清洗錢包而在牙刷上沾洗潔劑刷洗），必定要付出美麗的顏色在水中漸漸流失的代價。乾了之後鞣皮會顯得乾硬，事後反而容易沾染手垢，已經不再具有鞣製品的獨特品味了。

10 必須慎重處理毛皮的污垢

除非是專家，否則很難清理、保存毛皮。事實上如果處理不當會把毛皮上的毛弄亂。一般認為高貴的毛皮應由洗衣店處理，普通的毛皮則由自己清理。但是，一般的中產階級根本不可能擁有多件毛皮，只擁有一件毛皮的人反而認為自己所擁有的毛皮是「曠世奇寶」，這可說是對自己的所有物的一種感情。

姑且不論人的心態如何，總之，我們來談談普通毛皮的清理法。

毛皮要掛在衣架上，順著毛勢用刷子清理去除其塵埃，然後用沾有石油精的布塊順著毛勢輕輕地擦拭污垢及油污，接著由反方向再用石油精擦拭。

若能拿到木屑時，也可在木屑上滴點石油精，再用這些木屑塗在毛皮上以清除污垢。在半個鐘頭後讓石油精完全揮發後，再彈掉木屑。如此一來，大大小小的污漬都能清理乾淨。

然後用鐵刷刷理毛皮。使用鐵刷是避免產生靜電，這是維護毛皮的必需品，毛皮專賣店或百貨公司有售。若無鐵刷，就用乾淨的紗布順著毛勢擦拭，可增加毛的光澤。

11 用刷子處理毛皮的毛勢

一個年輕人，一副正經八百的樣子和別人進行交談。然而，他卻不知那一頭東翹西扭的頭髮顯得多麼滑稽。

尤其是這個年輕人長得俊俏點的話，更令人覺得好笑。

毛皮的毛飾若也東扭西歪，同樣地也顯得不搭調。在毛勢混亂的部分用熱毛巾按在上面二、三分左右，再用刷子刷理毛勢，會恢復正常。這時，注意不可用力按刷子，而是反覆地刷理毛勢，在陰涼的地方陰乾一會兒。

毛皮若被雨淋濕時，用乾布順著毛勢拭去其水分，在通風好的地方陰乾半天左右，注意要讓它自然地陰乾，不要用火爐等烘乾。

12 夏天的手提包必須勤加維護

「黑色、茶色系列的秋冬皮包較能持久，可用上好幾年，但是，夏天的皮包，尤其是白色皮包，似乎只能用一季而已。」這似乎是女性們的共同心聲。

夏天流行的變化極快，通常夏天的商品具有強烈的時髦性，因此，有不少人購物時就認定「只要能用上一季就足夠了」。

夏天的商品由於多汗、手垢、強烈日曬等，比其它季節更容易沾染污塵的條件。因此，若沾上汗水、手垢後，往往就鑄成變黃或變色的後果。放置一年之後，想拿去年頗為中意的皮包出來攜帶時，才發覺已經變樣了，而且顯得俗氣，覺得根本拿不出去。

要清理皮製的皮包，首先仔細地拍打皮包的內、外側以去除塵污，也可利用吸塵器吸取看不見的塵埃。同時，用柔軟的布（紗布等）沾上皮革專用的清潔液，將整個皮包擦乾淨。

這時，千萬不可將清潔液直接擦在皮包上。因為越上等的皮質直接吸收清潔液的部分會變成污漬。擦淨之後再用另一塊柔軟的布充分地乾擦，將多餘的清潔液完全清除。然後讓皮包在有充分通風處陰乾。

收藏起來等待下季再用時，為了預防通風後變形，最好在裡面塞一些報紙或保力龍，同時儘量放一些乾燥劑（預防發霉）。最後，用一張柔軟的紙包起來避免變形。

13 巴拿馬帽或籐邊皮包的保養法

夏天戴一頂巴拿馬帽，可預防強烈的陽光曬傷頭髮及頭部；而籐邊的手提袋，令人感到清涼。與巴拿馬帽相襯的除了草鞋外，還有夏天的坐墊、靠墊等。這些都必須小心的保養。因為，到了明年的夏天還要使用呢（其實是巴拿馬帽的價錢可不低啊）。

這些編織品往往會在編織的接目上留下塵垢，可用刷子刷除塵垢。要領是順著接目拂去塵垢，在清除塵垢時不可過於用力。若過於用力會使編織的交接口擴大使形狀扭曲。

如果整體顯得髒時，在一杯水裡滴數滴阿摩尼亞，用布沾濕後擰乾，再反覆地擦拭。

除了阿摩尼亞水之外，也可使用溶有住宅用洗潔液的水。仔細擦拭完畢後，再用乾布拂去水分再陰乾，大約陰乾半日即可。

若受到風吹雨淋含有濕氣時，會造成發霉，這時不可

陰乾，最好放在太陽底下曝曬以去除濕氣。

總而言之，籐、草製品的污垢留著一年沒清理，到了明年拿出來時，恐怕處處是綠色的霉塊，變成青綠色，必須特別注意。

14 白色皮鞋的注意點

夏天的手提包以白色系為主，鞋子也不例外。手提包既然會沾污，每天踩著踏著的鞋子不髒才奇怪。

鞋子的污垢多半是在表側及內側，若對鞋子的污垢不處理，慢慢地就會變成黃斑點。尤其白色皮鞋的污垢特別顯著，必須留意。

先擦去泥巴等較髒的污垢，再用柔軟的布塊沾上皮革用的清潔液，仔細擦拭。接著再用一塊布沾上保護皮革專用的亮光油，仔細地擦拭整個鞋子。除了要清除表側的污垢外，內側也必須用清潔液仔細地擦拭。

如此整理完畢後，鞋子要陰乾半天左右並給予通風以消除濕氣。如果皮鞋有濕氣容易發霉，也是變色的原因。保存時，鞋子內要塞些紙張以避免變形。

15 合成皮鞋子、皮包的保養

合成皮或人工皮革是石油文明的產物，其和天然皮革相較幾可亂真，不仔細看幾乎分不出真假。有些人重視高級品味認為「天然的最好」，但是，在日常生活中還是以便利取勝。

合成皮製品的鞋子、皮包、手提包等，其優點即使髒了也容易處理。若不考慮配件，合成皮材質本身用水及中性洗潔劑就可充分地清除污垢。當然也可以完全浸泡在水中清洗。

不過，合成皮革是在布上塗抹合成樹脂而成。若是泡在水裡清洗，裡側的布必須花費長久的時間才會乾。因此，最好用中性洗潔劑擦拭表面合成皮革的部分，然後用沾水的布塊擦拭二、三次。

16 沾滿泥巴的鞋子先用水洗去污泥

旅行回家時，經常發現旅途的回憶是殘留在滿是泥巴的鞋子。在到處鋪設柏油路的都市裡，鞋子鮮少會沾上泥巴。但是，在可以享受「鳥語花香」的旅途，腳底難免會和泥巴糾纏在一起了。若是合成皮革的鞋子可以直接用清水沖洗，若是真皮的鞋子，該怎麼辦？

真皮的鞋子，絕對不可直接將鞋上的泥巴剝除，也不可用刷子用力刷。因為這樣不但無法除去污泥，還會直接傷害到皮革。因此，這時應沾點清水潤濕泥巴，然後再去除污泥（或用沾有許多水分的抹布擦拭）。接著再陰乾鞋子，隔天已經全乾時再和一般鞋子同樣地保養。

利用皮鞋專用清潔液重新清除鞋上的污垢，再塗上專用鞋油增加油分。這是為了讓受水、泥巴傷害的皮革休息。

17 馬靴的去霉、預防污漬法

馬靴在穿著的季節中也應隨時保養。馬靴有其獨特的外形和其它的鞋子不同，很容易吸汗而造成發霉或污漬。汗的鹽分很容易跑到馬靴的鞋面而成為白色的斑點。

被雨淋濕時，污漬也會變成白色斑點。這時，應用乾布仔細擦拭後再塗上去污油，以清除鞋上的污垢（馬靴帶濕氣，先陰乾後使其通風）。

18 皮面的馬靴絕對不可使用松香油

所謂真皮的馬靴其實也有很多種類。有的看起來顯得堅固耐穿，而有的顯得輕柔舒適，也有的表面使用上等的皮質，光滑亮麗似乎保養極好的鞋子。

馬靴是相當時髦的鞋子。如果善加保養可以使馬靴成為外觀極美的流行飾品。其要領是對「塵埃」要特別注意。污垢雖然醒目，然而塵埃卻不容易發覺，如果任由馬靴的表面沾滿塵垢，很容易造成皮面龜裂。

外出時，不要只清理鞋面，連腳部也應用軟質布塊去除塵埃。

時髦的馬靴一般都使用與該顏色配合的鞋油。不過，若直接在皮面上塗抹鞋油很容易造成污漬。因此，必須準備沾有鞋油的布塊擦拭馬靴。

另外，若使用松香油去除污垢，馬靴的顏色也會和污垢一起被塗抹掉。因此，絕對不可使用松香油，一般的去污油即可充分地去除污垢。

19 鞣皮、亮漆馬靴的保存法

鞣皮（裡皮）製品的保養最麻煩。還沒有動手保養就令人覺得麻煩，也正因為如此，反而更添加其時髦的個性。

鞣皮的馬靴非常容易沾染灰塵，因此，要使用鞣皮專用的毛刷從反毛勢的方向刷除污垢，亦即所謂的「逆毛刷」。若發覺沾有污垢的部分，用皮革專用的橡皮擦擦除。若覺得顏色有點褪色，可噴灑噴霧式的鞣皮墨再給予著色（保養用的藥劑、藥品可在專門鞋店或百貨公司購得）。

亮漆的馬靴，用柔質布塊擦拭就能清除塵垢。污垢變硬時很容易使表皮變成裂痕。因此，必須塗上亮漆專用油保養皮革。

不論是那一種馬靴，當使用完畢要收藏起來時，必須放在通風良好的地方充分陰乾。讓鞋內的水分清除後再做各種保養。最後為了預防馬靴變形，在鞋內塞報紙或保力龍，儘量使其保持原狀（不要摺疊）保存在鞋櫃裡。

20 假髮要在泡有洗髮精的水中晃洗

假髮可以輕易地改變造形相當便利，但是，如果戴上一頂沾有污垢的假髮，反而會破壞形象。這時可央求美容院代洗，不過，也可以自己清洗，方法簡單，不妨試看看。

在溫水裡放一些洗髮精，將假髮放在其中輕輕地晃洗，充分地沖水乾淨之後加上潤絲劑，再用毛巾吸取水氣，然後陰乾。

梳理時若能噴一些整髮液，髮絲就不會糾結在一起。然後最好用柔軟的紙包好再收藏起來。

21 去除溜冰鞋濕氣的方法

溜冰鞋也會聚積濕氣，因此，穿著的季節完畢後必須充分地陰乾並給予通風。要充分地陰乾，最好晾上數日，並在鞋子裡放些報紙，使其吸收濕氣，同時要更換數次。

然後，和一般皮鞋的保養法一樣，用去污油去除污垢，再塗抹保革用的鞋油，若是合成皮可用洗潔劑清除污垢。

㉒ 利用中性洗潔劑去除雨傘的污垢

下雨天的禮拜六下午，街上到處就可看見五彩繽紛的傘花。從高樓上眺望馬路，只見各式各樣的雨傘在馬路上穿梭，令人目不暇給，這些花雨傘使用後若不陰乾很容易褪色。若在沿著傘骨的地方沾有污垢，可用刷子沾上溶有中性洗潔劑的溫水刷洗，最後再沖水洗淨。

而傘骨也要隨時塗抹機油以防生銹。

第三章　清除傢俱、電器製品的污垢

1 皮沙發的去污法

皮質沙發在炎熱的夏天，會留下汗水的痕跡，造成醒目的污垢。坐在沙發上看雜誌，不知不覺地趴在雜誌上睡著了。如果這本雜誌的封面有樹脂加工，可能會剝落而附著在沙發的皮面上。

這時，最重要的是先將它潤濕。用濕抹布蓋在上面一會兒後，用濕毛巾沾一點清潔劑擦拭。然後再用清水擦拭一次，將洗潔劑清除乾淨。

而平常若在沙發上發現污黑時，可稀釋住宅用的洗潔劑來擦洗。假如只是清除塵埃，利用化學抹布就足夠了。

不過，化學抹布雖然可輕易地清除塵埃，缺點是在其擦拭後皮沙發會比以前更容易沾染塵垢。

2 草蓆的清潔保養法

夏天的草蓆，的確令人感到清爽舒適。

烘熱的身體躺在草蓆上，令人覺得清涼舒適，清爽不油膩的觸感是生活在濕氣多而炎熱地帶人們的至寶。

剛買來的草蓆是漂亮的米色，然而使用後由於沾上汗水、塵埃，慢慢就變成茶色。一般可用布塊沾些住宅用的洗潔劑擦拭污垢，不過，若污垢特別醒目時，可在酒精上加點阿摩尼亞，用布塊沾上這些液體仔細地擦拭。

草蓆是燠熱夏天中的用品，因此，更應該保持清潔。

3 合成皮沙發的保養法

「這個是合成皮，還是真皮？」

最近市面上有許多製作得極為優秀的合成皮，令人無法從外觀上與真皮區別。

沙發、高腳凳等傢俱中有許多合成皮的製品。不過，新的合成皮製品雖然光滑亮麗，但是，長期使用後就失去光澤，並帶有污垢感。這時可用洗潔劑擦拭之後再塗些傢俱用的臘，就可使其回復原有的光滑亮麗。

4 布質沙發利用蒸氣熨斗

布質的沙發具有家庭的溫暖感。

一般公司或會客室鮮少使用布質沙發，正因為如此，有些上班族回到家時，坐在布質沙發上覺得特別舒適。

布質沙發往往因為使用過久，常常在特定的部位出現裂痕，然而這對休息者而言，卻具有獨特的舒適感。但是，任何物品仍然應該愛惜。若能事先噴灑防水劑，就可避免沾上水滴而造成污漬。

沾有手垢或污垢的地方，用洗潔劑或阿摩尼亞就可擦拭乾淨。不過，必須留意不要造成變色。

如果覺得沙發已經縐褶，可在上面用蒸氣熨斗燙平。燙平後的感覺令人覺得異常舒適。

5 如何去除尼龍桌巾的摺痕

餐桌上的東西擺得亂七八糟，看起來就不舒服。

其實自己也可以剪一塊漂亮的花紋布，做一面既漂亮又獨特的桌巾。在布質桌巾上套上一塊維尼龍布，平常只要用濕抹布擦拭，即可保持乾淨，而且還可以依每天的心情更換中意的餐巾。

不過，尼龍剛買回來時或長期收藏後，再度拿出來用時，往往會留有顯目的摺痕。這時可在上面蓋一條毛巾布，用熨斗燙平。

若是冬天，亦可緊閉窗戶在房間裡使用暖爐溫熱，並燒一壺開水使室內充滿蒸氣，摺痕就消除了。

利用這個方法，廚房的其它污垢也較容易清除。趁機順便把這些污垢清除乾淨就省事多了。

6 可利用洗髮精擦拭毛皮的污垢

在地毯上鋪上一塊熊皮，沙發上鋪著羊、袋鼠毛皮的房間，帶有一種權威感。不過，問題是這些皮革的保養並不容易。

毛皮最忌諱直接日曬及濕氣，應特別注意。

毛皮上出現污垢時，可將少量的洗髮精溶解在溫水內，用這些溶液擦拭。也可利用犬類專用的洗毛劑。

若小心保養，一張毛皮可用上數十年。因此，為避免毛皮變縐，有時也可用稀釋的潤絲精擦拭。

7 利用蓚酸漂白籐製品

因「基督夫人」一片而大受歡迎的是籐製的搖椅。大型的椅背編織著美麗的圖案，這是和基督夫人的氣質極為搭配的小道具。

不過，所有的籐製品都很容易在編織的交合處沾染污垢，若發現污垢，應用刷子刷除。有時也可擦一點洗潔劑避免污垢沉積。

籐製品使用數年後會漸漸變成煤色，洋溢出一種古意。不過，若想恢復原來的白色，可利用蓚酸漂白。蓚酸是無色柱狀的結晶，用開水溶解後（一碗開水加一湯匙左右）用刷子沾取液體刷洗時，藤條會變得光亮潔白（不過，蓚酸是一種劇藥，恐怕難以購得）。

若籐製品已經老舊令人生厭時，塗些油漆改變整個外觀是很有趣的事情，此時以水性油漆較便利。

清除塵埃之後，首先從最裡側的編織目開始。用毛刷塗染油漆，接著再延著接目塗抹油漆，就可塗得完整漂亮。

若籐條鬆開時，可用海綿吸水潤濕籐條後，用螺絲起子編織，或用接著劑給與接續。

8 如何去除竹簾的污垢

詩人白樂天曾經捲起竹簾眺望香爐峰上的白雪。不過，現在掀起窗外的竹簾，卻只能看見隔壁二樓的窗戶。

姑且不談這些殺風景的話，但垂掛竹簾的情趣至少要略知一、二吧！

由竹或籐所編成的簾子，用化學抹布擦拭後，若還殘著有污垢時，就用阿摩尼亞水擦拭，必可將污垢擦掉。

尼龍製的簾子可使用洗潔劑，用海綿沾水洗。

9 窗簾的洗法

看透過窗簾的晨光，就可判斷當天的氣候。晴天時的陽光呈現白色，雨天時則變成灰色。

當你正想著氣候的問題，往窗口挨近時卻發覺窗簾意外的髒。也許是今天天氣晴朗而房間裡一片昏暗就是此緣故。這時候就應該趕緊清洗。窗簾若時常清洗會失去原有的質感，因此，平常只要用雞毛撢子拍打或用吸塵器吸取污垢就可以了。若是太髒只好清洗。

木綿或合纖的窗簾可自己清洗。不過，若是厚重的高級品，最好送給洗衣店清洗。

布窗簾可摺成塊狀，放在洗潔劑溶液中按洗。若非常髒時，最好多浸泡一會兒。蕾絲的窗簾也可在洗衣機中清洗。這時要摺成塊狀放入網袋裡，再投入洗衣機內清洗。脫水後立即掛在掛鉤上讓其迅速乾燥。

窗簾拿到外面晾乾時，千萬不要對摺，要用數個洗衣夾夾起來讓整件垂掛下來。若覺得已經泛黃而覺得無法恢復原狀時，倒不如重新染色改變氣氛。目前市面上已經有可以輕易著色的染料，任何人都可隨心所欲地染出自己喜歡的顏色。

10 桌子上留下茶壺燙痕時

一不小心把裝著熱茶的茶壺放在桌上了……這是常有的事。糟了！趕緊拿起來時，已經來不及了。桌上已經留下了一只白色的圈印。

若是塗有鉀漆的桌面，可利用酒精去除燙痕。

用沾有酒精的布塊，擦拭留下燙痕的桌面。換言之，利用酒精溶化鉀漆，塗抹在留下燙痕的地方，使其變得模糊。

但是，這個方法只能用一次，若反覆使用二、三次，最好再重新塗一層鉀漆。

11 徹底清理電話機的方法

公共電話的聽筒，總令人覺得不太乾淨。

因為不知道是誰摸過，撥號的地方也常囤積著一層污垢。

若以為只有公共電話機才骯髒就錯了。請您看一看家裡的電話機吧！原本以為只有家人使用的電話，有一天客人來訪時也可能央求「對不起，可否借一下電話？」這時為了避免因骯髒的電話機而出醜，請事先用酒精擦拭。

清除沉積的污垢，可用布塊上沾少許清潔液擦拭，立即就可變得乾淨。然後再將洗潔劑擦拭。

撥號盤的部分用竹片捲著布塊，滴著酒精順著撥號盤繞轉，就可將撥號盤面清理得漂亮潔白。

聽話筒上的小洞也可依同樣的方式清理。只是清除塵垢可利用毛刷揮拭，若想仔細清理，就拆卸下來用牙籤一一地清除小洞裡的污垢。

12 如何清除黑色合板的傢俱

目前使用黑色合板傢俱非常普及。

到處可看到用黑色合板做成的桌子、籃子、櫃子、鞋架等。

黑色合板所製成的傢俱，既可用洗潔劑刷洗，又耐熱，相當便利，一問世即深入我們生活的各個空間。

雖然缺乏一點情趣，然而，嶄新時顯得美麗大方。使用時不必大費心思，可謂一舉數得。

但是，缺點是很容易受損，而且，在損傷處沉積污垢。這時，將漂白劑混在清潔劑中，先用這些液體塗抹後過一段時間再擦拭。

總而言之，要儘量避免受損。用洗潔劑擦拭後，用沾有柔軟劑的布塊擰乾後再擦拭一遍，就可預防沾染污垢。

13 如何清除白漆傢俱上的黃斑

純白的化粧櫃裡頭滿載著夢想。

站在純白化粧櫃前的少女，似乎錯覺地以為自己是一名公主。據說，詢問十幾歲的女孩喜歡什麼樣的化粧櫃時，十人中有八人回答說是純白的化粧櫃。

塗上白漆的傢俱，最令人煩惱的是黃斑。即使擺在沒有直接日曬的地方，也多少會出現黃斑。

用牙膏刷洗，多少可以恢復原有的白色。不過，儘量使用軟質布塊輕輕擦洗。

要避免留下擦痕，最簡單的方法是塗上白色的指甲油。

14 傢俱的商標用醋潤濕後去除

當家裡送來嶄新的傢俱時，的確令人雀躍不已。房間裡擺著新傢俱的地方顯得特別的光亮。雖然和房間的擺設不太搭調，但是，靜靜地看著這些傢俱，隨手撫摸一下都令人莞爾一笑。

不過，新傢俱中往往會貼著商標。這些商標若不好好地清除，也會留在傢俱上。為了害怕傷及傢俱表面上的塗漆，絕對不可使用松香油或揮發油。這時最方便的是家用的「醋」。

用脫脂棉沾些醋輕輕地擦拭。如果還無法清除，就用醋冷敷。這時用膠帶貼著就不會掉下來。一定可以把商標等清除乾淨。

小孩調皮所貼的圖畫紙或貼紙，也可利用這個方法清除。化粧鏡上所貼的標籤等，可用揮發油或松香油、指甲油的去光液清除。

15 鉀漆傢俱的補琢法

鉀漆傢俱很容易受損，而且極為醒目。若發現傢俱受損時，不從小處保護，會慢慢擴大難以修理。如果傢俱傷痕累累，甚至會令人懷疑使用者的人品。

黑色系的傢俱受損面較深時，可塞飯粒而用類似顏色的奇異墨水塗抹其上，就可修復的完美無缺。

若是茶色系的傢俱，可用鞋油、蠟筆等調整顏色。只要塗上顏色，而不過度醒目，在上面再塗點無色的指甲油增加光澤就完成了。

16 清理白木傢俱要勤用雞毛撢子

白木櫥櫃上併排著珐瑯茶杯。

這種具有拓荒時代的美國風味，樸素而自然的裝飾，似乎頗受人喜愛。

原木傢俱有極為美麗的樹紋，但是，卻容易沾染污垢也易受損。為了避免表面上所塗抹的透明樹脂脫落，必須勤用雞毛撢子撢除灰塵。

這時如果使用化學抹布會留下油氣，而魔術靈等強烈清潔劑也不可使用。如果沾上手垢時，用沾有一般住宅用的洗潔劑擰乾後的布擦拭。

17 桐木櫥櫃的去污法

據說以前生女兒時要植一棵桐樹。

在女兒出嫁時成長快速的桐樹，也已茁壯成足以製作櫥櫃，這個櫥櫃就當作女兒的嫁妝。

桐木櫥櫃耐濕，因此，可避免外部的濕氣侵入，傳熱性較慢不易燃燒等多項優點，是非常適合溫度、濕度變化顯著的生活環境。但是，從價格昂貴又容易沾染污垢、受損等觀點來看，現在幾乎已經變成一種美術品了。

若桐木傢俱老舊而污垢顯著時，最好是請專門木匠重新刨皮，但是，若想自己清除污垢時，可使用下面的方法。

首先，用較細的砂紙磨擦污垢的部分。要領是依著木紋擦拭，接著將砥石粉溶解在水裡，用此液體仔細地塗拭。充分乾燥之後再乾擦。實行時最好先從桐木拖鞋開始練習吧。

18 高級傢俱須由專家處理

在紫檀、黑檀、花梨等桌子喝茶，再難入口的茶也覺得清香爽口。事實上，坐在具有高雅色澤與風味的桌子前面，會令人有些手足無措。

因此，這種高級傢俱若受損時，最好不要輕率處理。

平常要勤於乾擦，如果有些微的受損，可用食用油沾點砥石粉輕輕地擦拭。但是，若是較嚴重的損傷，最好請專家修理。

19 鏡台應隨時保持乾淨

據說看一面鏡台就可看出其主人的本質，鏡台附近到處散發著女人的氣息。

若鏡台沾滿塵汚，四處是掉落的頭髮，甚至鏡面模糊不清，會令人覺得坐在鏡前的那位女性的心靈也不潔。千萬要注意！

鏡面可用殘餘的化粧水仔細地擦，由於其中含有酒精，會擦的光潔。

使用玻璃專用的洗潔劑時，用布沾著擦比用噴霧式的洗潔劑較為乾淨。

鏡子周圍與台面也要像鏡子一樣擦得一塵不染。

容易沾染塵垢的乳液、保養霜的瓶子，若能集中放在塑膠袋中，就不會沾上塵垢。

髮夾盒裡放著一塊磁石，就可避免四處散落。

20 清洗照明器具的燈罩

「最近老覺得房間的燈光太暗了。」

碰到這種情況，多半是燈罩髒了。

照明器具多半設製在天花板上，所以很難察覺到污垢。但是，若和新的照明器一比較，一定會發覺在亮度上有極大的差別。

若是紙、木、布、竹等製成的燈罩，可用化學抹布或刷子去除塵垢。玻璃、壓克力製的燈罩，擦拭反而會留下痕跡。所以，應該拆卸下來放在泡有洗潔劑的水中清洗。

這時順便也把電燈泡拆下來，用化學抹布或軟質布擦拭。

經過這番清理之後，室內的光線一定會變得特別明亮。

21 花瓶污垢的清除法

同樣是一朵花，插在水晶花瓶上或青瓷花瓶，給人的印象卻大不相同。

當然，花本身就是美麗的自然產物。即使隨意插在牛奶瓶上也是美的。但是，花瓶的不同，卻會使花顯得更生氣蓬勃或暗淡無光。

選擇能使花更為美麗的花瓶，也是插花的樂趣之一。既然如此，如果花瓶上沉積污垢，就抹滅了花的美麗。

尤其是表面上雕著複雜紋路的水晶花瓶、有微妙凹凸的陶瓷花瓶等，在細微處常會沾滿污垢很難清理。

用擦玻璃用的去污劑擦拭，會變得光亮潔白，但是，若要清除躲藏在細微處的污垢，最好浸泡在漂白劑的水裡。如此一來，不只可以清除污垢，也可消除花瓶內的細菌，一舉兩得。

㉒ 尿濕被單烘乾法

尿床的經驗，這是兒童期的公開秘密。做媽媽的也曾經有過吧！小時候……。

既然都有尿床的過程，有小孩的家庭就會準備小孩專用的床單，因為只要反覆烘乾這條床單就行了。但是，如果高貴的床單，不小心被小孩尿濕時，該怎麼辦？

在此就告訴您解決之道。不過，這種處理法必須在情況發生時立即施行。

被單部分的污漬和內部棉處理的方法不同。首先拆開被

單將被單洗淨。至於內部的棉則將被尿濕的部分拆除，再把它攤在草蓆上直接在太陽下曝曬。夜晚也是依這個方法處理（夜曬），隔天再讓日光曝曬一天，這是為了在自然狀態中除去尿臭味。

接下來是復原作業。首先為了避免拆除的棉支離破碎，先用一塊軟質的布縫在必須修補的地方（A），然後再將棉絮攤在上面鋪平。接著在棉絮上面又蓋上一塊布（B），A和B夾住棉絮後。再把A、B縫合，裡面的棉絮就不會動搖。然後再放進原來的床單裡。

現代的年輕媽媽鮮少人曉得如何處理尿濕的被單，多半直接送到洗衣店清洗。但是，為了守住小孩的「昨晚的秘密」請做為參考吧！

23 吸塵器的保養要領

經常使用，卻又容易忘記清理吸塵器，就是顧此失彼的典型。

吸塵器的外觀部分用沾上洗潔劑的布塊擦拭，多半能擦得乾淨。電線與吸塵管的部分也是一樣。之後再用抹布沾上清潔的水，擰乾後徹底擦拭一遍，以避免殘留洗潔劑。

最麻煩的是塞在裡面的集塵袋污垢，有機會真想讓男士們也體會一下處理這個污垢的女性心境。家中所有的塵垢全聚集在這個集塵垢裡面，委實令人感謝，然而卻也令人不忍目睹家中的骯髒物全都聚集在此。

當集塵袋裡面的垃圾清除後，用洗潔劑清洗。也可只沾洗潔劑，然後用水沖淨再放到陽光下曝曬。如果沒有完全除去水分就塞回吸塵器內，反而會吸住污垢而變得更為骯髒。

現在的吸塵器，其集塵袋為可拋式紙袋，可免清洗的麻煩。

若要清除吸塵器吸口上刷子部分的垃圾，只能用牙籤或竹塊一一地將纏繞在刷子上的垃圾清除。

刷子上纏繞的毛髮、長線或髮夾等，不用手似乎無法清除乾淨。

24 清潔電風扇絕對不可使用松香油

對質量輕微的比喻，以「像羽毛一樣」，最為恰當。

電風扇的羽毛（扇葉）從前是做成像飛機的螺旋槳一樣的形狀，而且多半是黑色，吹起來令人感覺到彷彿是一股戰鬥的旋風。現代所使用的是，令人感覺清爽的

色調，以水色、藍色、綠色為主，扇葉的材質也改用塑膠。

但是，必須注意的是千萬不可使用揮發油、松香油或酒精等擦拭。因為，這些藥劑會傷害塑膠的質料或使塗料脫落。

這時，用一塊軟質的布沾上中性洗潔劑溶液，擦拭扇葉上的污垢。噴霧式的玻璃清潔劑也有同樣的效果。不論使用那種方法，事後都必須清洗以避免洗潔劑殘留。

電風扇的外罩部分，若沾上難以清除的污垢，非常麻煩。因此，平常就應勤加保養。

25 去除熨斗底部的污垢

習慣了生活便利的環境後，鮮少有令人瞠目咋舌的事。但是，由於沒有留意到熨斗底下所沾染的合成纖維的殘渣，常會在燙衣服時令人要猛然慘叫一聲！因為，熨斗底下的污垢沾到這件衣服上了。

合成纖維中有極不耐熱的成分，若不注意時會捲縮而黏在熨斗底下。沾在床單下的糊漿也經常在熨斗上燒焦，而黏在熨斗底部。

熨斗底下沾有燒焦的合成纖維時，立即趁熨斗還熱時用乾布擦拭。不過，有些雖然可擦除，有些反而變得黏膩無法收拾。這時，等熨斗冷卻後用揮發油或沾有住宅用洗潔劑的布塊擦拭。

還無法清除時，只有仰賴物理性的手段，沾些去污劑或牙膏用力地刷洗。

當然，合成塑鋼的熨斗，本來就是為了避免沾染衣服的糊漿、塵埃的新產品，這種熨斗使用完畢後只要用乾布擦拭整體就可以。

26 電器毛毯濕氣的去除要領

電毯雖然暖和舒適，然而還是上了年紀以後再使用，據說這是不懂得寒冷之苦者的風涼話。

在電器製品中使用之後即無法釋手的，就是電毯的溫暖。但是，會散發暖氣的毛毯，當然也容易吸取人體所散發的汗水等濕氣。

毛毯所沾有的污垢，可噴灑地毯用的洗潔劑，再用刷子刷除，然後，用擰乾的布擦除。

但是，電毯既無法全部清洗也不能送到洗衣店處理。唯一的方法只能保持毛毯護蓋的清潔。在使用完畢後將整件毛毯陰乾去除濕氣，是最重要的保養法。

另外，電毯是合成纖維製品，保存時並不需要使用防蟲劑。相反的，有些除蟲劑反而會傷及毛毯內的電器零件，千萬不可放入。

收藏時注意其上不可堆放重物。

27 電器暖爐的清潔要領

電器暖爐的使用要訣是，經常把反射板磨的光亮再使用。

電器暖爐的主要部分是發熱器，而其中散發幅射熱的反射板可說是主角。若發覺板面沾有塵垢時，應用面紙或柔質布塊立即清除。

在使用暖爐期間若能隨時保養，就不會有嚴重的污垢。但是，若懶惰而不清理污垢，恐怕會使污垢沉積變得難以清除。這時，用沾上住宅用洗潔劑的布塊或噴灑噴霧式的去污液，將污垢除淨。

發熱部也會髒，需要小心清除，然後乾擦避免清潔劑殘留其上。

28 室內空調器沾滿塵垢

所謂空調系統有只有放冷氣的空調，也有冷氣、除濕兩種功用的空調，還有冷暖兩用的空調，種類、機能可不少。夏天燠熱難耐之時，冷氣的空調設備最是令人感謝了。

在整個夏、冬期間，賣命工作的空調器，在使用期間應該二、三次拆下濾網清洗。濾網上必定聚集著許多令人驚訝的塵埃，這時先用住宅用的洗潔劑按洗，再用清水沖洗後陰乾。

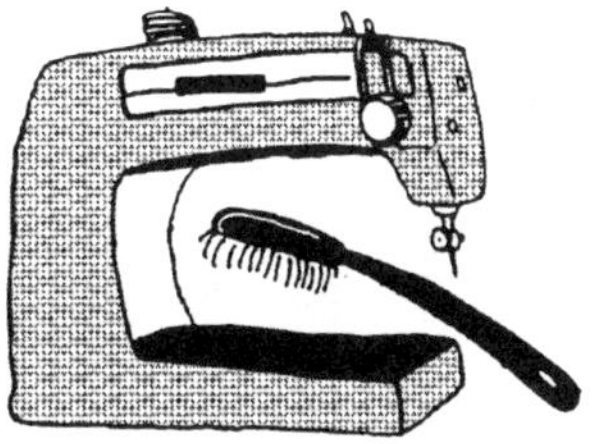

使用完畢的保養是在天氣好的日子，只開送風，連續使用半天左右以使空調內部乾燥，同時要先清洗濾網，然後將空氣的出入口緊閉。最後再將外側擦拭乾淨，套上護套以備來季再用。

29 牙刷最適合清除縫紉機

縫紉機、機器編織機等，不但油氣多也容易沾染塵垢。因此，難以維護可說是麻煩的道具。但是，由於機器是精密的構造，只需做重點式的清理，以避免傷及機器零件。

縫紉機外表的部分用乾布或柔軟的布塊擦拭，縫紉機相當於高級的耐久性傢俱。若傷到外表的塗漆部分，會永遠留下疤痕變得不雅觀，因此，千萬不可使用容易造成傷害的硬質紙張或布塊做擦拭。

機器的齒輪、縫紉針的部分常沾滿帶有塵埃的油漬、線紗、纖維屑等，這時利用縫紉機的刷子或牙刷清除其中的污垢。污垢清除後再用沾有機油的布塊擦拭大、小縫紉針。

編織機也是一樣，用軟質布塊擦拭全體。不過，外行人並無法做到真正的清除工作。所以，一年一次左右送到專門店做解體清潔。

這種種類的機械，不使用時要套上護套，以避免沾上塵埃，乃是最完善的輕鬆保養法。

30 利用毛筆小心清理唱針

最近一提到音響，幾乎多半是擴音器、唱盤、麥克風組合而成的組合式音響。

這些組合可享受到極為純淨而高級的音樂。但是，其價格似乎沒有上限。

但是，由於使用者的疏忽，常使廠商欲哭無淚。尤其是唱盤碰到些微的震動或塵埃就會發生問題，必須小心而謹慎的處理。

唱針的污垢用毛筆由後往前輕輕地拂拭。若沉積污垢時，用潤濕的紗布輕輕地拍打針頭就能清除。唱盤的外殼及護蓋要以專用清潔液小心地擦拭。

31 收錄放音機的大敵是濕氣與塵埃

眾所熟知的收錄放音機、唱盤的清潔等最重要的是小心處理，因為它們是精密日用品之一。

磁帶的電話卡也是一樣，這些新電器的大敵是濕氣和塵埃，而且也不可直接日曬或放在暖爐的附近。

當然，這些機器的處理方式應該依照其使用說明書處理。不過，一般人往往在不使用時就隨意往房間的角落一擺，也不套上護套。

結果，不知不覺中錄音的再生和消去的磁頭、磁帶的迴轉盤、就沾滿了污塵。慢慢地就產生錄音帶迴轉不均、音質變差或聲音無法完全消除等問題。

為了預防這些問題，應該用沾有酒精的清潔棒（或使用掏耳朵的棉花棒亦可），或與此類似的捲成小條狀的柔軟布塊，在這些地方擦拭。

假如有專用的清潔帶當然最好。這時絕對不可使用松香油擦拭，因為怕會傷及機器。

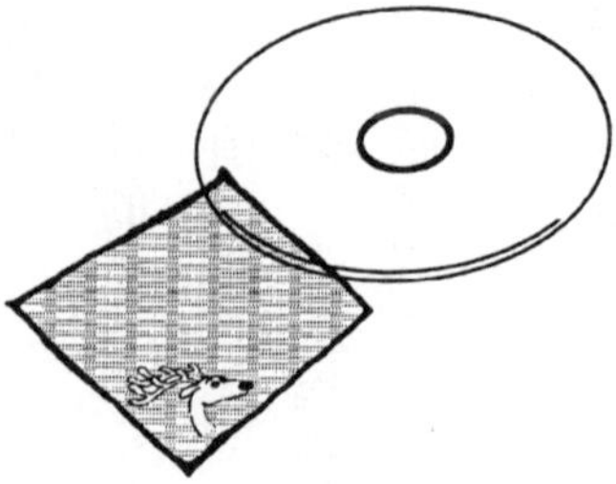

32 CD的清潔法

在兒童的世界，電動玩具的出現與否並無革命性的差別。倒是孩子們不再玩丟石頭、跳繩的遊戲，而各個沉迷於電動玩具的時候，才是遊戲的革命。

當然，擁有CD與否也無革命性的差別。本來只沉迷於古典音樂的人，突然瘋狂地愛好CD的過程，才是精神的革命。

各位也不需要矯柔做作地堅持己見，因為從唱片轉而至CD，或出現影像的影碟，乃是時代的潮流所趨。問題是當CD有了污垢時該如何處理。

就結論而言，廠商所極力推薦的方法是購買機器時，也一併購買去污用的「鹿皮」。鹿皮是處理過的皮，本來這是被認為乾擦物品時最好的天然清潔品，一般手帕大小的鹿皮，大約五、六百元左右。

若沒有鹿皮則用柔軟乾燥、清潔的布塊，輕輕地擦拭CD表面，清除其污垢。清潔唱片最好方法是，用紗布等擰乾的軟質清潔布塊，輕輕地在兩面擦拭。當然，CD並非絕對不可用這個方法。但是，濕布會損傷貼有商標的一面。所以，最好還是用乾淨的布塊擦拭。

除了唱片之外，主機的唱盤等清潔也依同樣的方式。

另外，據說CD最好不要使用化學抹布類。

第四章　去除容易疏忽的污垢

1 油畫一年陰乾一次

雖然我們無需模仿美術館名畫的保存法，不過，裝飾在家中客廳、起居室的油畫也應多少給些關愛保養。

平常的保養法是，用雞毛撢子揮去塵埃就足夠了。污垢顯著時，市面上有油畫專用的清潔劑，用軟質布塊沾些清潔液輕輕地擦拭。

另外，油畫若長期掛在牆壁上，畫裡的色調會變得暗淡。

因此，最好半年或一年一次，挑選晴朗的日子讓油畫做日光浴。壁免直接日曬選擇通風良好的地方陰乾，即可回復油畫的原來色調。

2 土司除去撲克牌的污垢

據說在歐洲經常舉行橋牌宴會。

在家裡招待朋友夫婦暢談之後，四人即擺開橋牌桌。如此地兩家輪流招待著牌友，喝喝酒、吃點零食直到深夜享受著橋牌之樂，在我們這裡大都是玩麻將消遣。不過，以夫婦為單位這一點倒是極大的差異。

歐洲人除了喜歡玩橋牌之外，也非常重視撲克牌。撲克牌是在手裡握著、搓著的玩意，自然很容易沾上污垢。

令人不可思議的是，用土司可將沾在牌上的手垢等擦拭的一乾二淨。若有特別髒的地方，則用揮發油也可擦得特別乾淨。

當撲克牌擦拭得光潔漂亮時，這個禮拜六晚上再來舉辦一次橋牌宴會吧。

若是夫婦組隊玩撲克牌，即使剛吵過架的夫婦，不一會兒也可重修舊好。

3 如何消除沾在照片上的指紋

翻閱從前的相簿，總令人覺得一份興奮。

在他人看來並不稀奇的四方形照片中，卻傳來只有自己熟悉的過去時光的音樂，不由得燃起一股類似鄉愁的思緒。

不過，照片很容易沾上指紋而變得骯髒。目前也有絹質的照片不易沾染指紋，似乎頗得人緣。不過，缺點是焦點顯得模糊不清。以往的亮光照片就不會有這種問題。

相片上的指紋可用油質布塊乾擦。如果還無法清除，在溫水中加點中性洗潔劑，用紗布或毛筆沾些溶液後輕輕的擦拭，再乾擦一遍。

不過，照片表面上塗有膠質，若被水浸泡太久會破爛，要領是動作必須迅速。同時，除了中性洗潔劑之外，也可利用松香油輕拭。

但是，無論是用那一種清洗法都不可使照片的邊角潤濕。因為若從該處使液體跑進相片的裡面之間，反而會造成污漬。

4 動物標本的清洗法

「這隻鳥看起來好像要展翅高飛，怪可怕的。」

仔細一瞧，振高雙翅的鳥正用一雙銳利的眼睛盯著自己。當然，這是標本，不過卻相當傳神。

有不少家庭在客廳、起居室擺設鳥或動物的標本。貴重的標本最好放在玻璃櫃內，內加防蟲劑以避免污塵。

若沒有收藏在櫃子裡，必須勤用雞毛撢子揮去塵埃。沾上污垢則用布塊沾溫水擰乾後輕輕地擦拭。

5 如何將舊鈔票變成新鈔票

「自從薪水直接匯入銀行之後，和嶄新的千元大鈔完全無緣了。」似乎有不少人如此地感嘆。事實上，拿著新鈔有時也會割破手，你有這種經驗吧！

過年的紅包一般人都喜歡用新鈔票，當突然必須使用新鈔票時，有一個可以使舊鈔變新鈔的方法。雖然無法和嶄新的新鈔一樣，至少不會造成失禮的程度。

方法簡單，只要噴灑噴霧式的洗滌漿，再用熨斗燙過就行了。兩面用這個方法反覆數次，即可除去所有的縐紋。不過，如果熨斗放得過久會使紙幣燒焦。所以，必須留意要短暫地燙過數次。

乾燥後會有點圓曲，這時只要夾在書本內等其冷卻即可。

6 金融卡的保養法

金融卡、電話卡、現金卡等利用磁氣作用的文明產物。材質本身若產生污垢，絕對不可用手用力擦，也不可用布擦拭。原本打算將上面的污垢清除乾淨，反而會在卡片的磁面上留下看不見的傷痕。這會造成機器因發現這個傷痕而無法運作的原因。

碰到這種情況應依使用的機器（自動櫃銀機等）的指示，讓銀行的人員審查手上的金融卡，或帶到窗口用卡片專用的掃除機清除乾淨。

另外，卡片套是為了防止這些污垢。因此，儘可能每個卡片裝一個護套保存。若自以為聰明，把金融卡放在皮夾內故作炫耀，倒不是明智之舉。

7 用牛奶美化觀葉植物

據說經常看綠色可矯正近視。這有點誇張。不過，置身於一片綠海中，的確可使眼睛休息，心情上也可獲得鬆弛。

在都市裡到處是公寓或大廈，環視四周只可看見污濁的天空，根本找不到青翠的綠意。

因此，建議各位在家中多多擺設觀葉植物的盆栽。

即使是顯得死氣沉沉的四方形房間，若放一盆綠意盎然的盆栽，隨即散發出柔和的氣氛。

但是，不久之後盆栽就失去原有的生氣，變得混濁。這時，用布塊沾些剩餘的牛奶，一葉葉地擦拭，隨即會看到綠葉又生氣蓬勃起來。同時不要忘記清除枯乾的樹葉，並每天補充水分及日光浴。

想出外旅行而無法給盆栽澆水時，在盆栽旁放一個裝水的水桶，將一塊不用的布放進其中，另一端則埋在盆栽的土裡，就不用擔心缺水之虞。請儘量擺在日曬較佳的地方再出門。

8 書籍封面是樹脂加工時

書籍讀過一次後即塵封在書架上，這種人挺多。最近封面有樹脂加工的書籍越來越多，擺在書架上時很容易黏在一起。硬把它們拆開恐怕會撕破表皮。

為了避免造成這種傷害，這些書籍要上架時，先沾些嬰兒爽身粉。

另外，若不小心掉進水裡，任由其自然乾燥會變得凹凸不平。因此，弄濕時要用熨斗燙平並用鎮紙之類的重物壓在上面一會兒。

沾有手垢、塵污時，可用橡皮擦擦拭。若無法清除再用砂紙試試看。

9 算盤絕對禁止水洗

電子計算機一問世即廣為流行，對需要計算的人而言，是文明的利器。號稱為古代智慧結晶的算盤，卻也不因此而消聲匿跡。習慣使用算盤後越能發覺其中的利點，它和電子計算機不同，一點也不必擔心輸錯數字。

而算盤的保養乃是採取古典的方法。用乾布或刷子沿著算盤的框、上下軸棒、算盤珠等一一擦拭……，這是唯一的方法。這樣可以清除手垢及油漬。絕對不可使用油性清潔液、中性洗潔劑或沾有水分的布塊等。

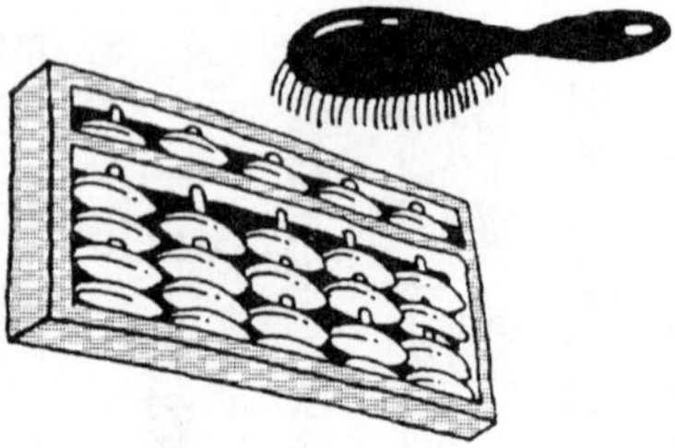

算盤與其說是道具，無寧是一顆顆算珠、一行行軸棒各自獨立的藝術品。使用的材料也多半是黑檀、紫檀、檜木等天然質材。

其中若滲入多餘的水分或藥劑，好不容易乾燥的天然材質會因而扭曲變形，或在算珠上出現污漬。因此，絕對不可為了使算珠更為潤滑而塗臘，雖然暫時會使算珠滑溜，卻會變成臘垢而附著在軸棒上。

萬一碰到下雨而淋濕，不要直接曝曬，而是將它陰乾。

另外，塑膠製的算盤可用沾上中性洗潔劑的布塊擦拭。

10 印章的各種去污法

在外國，親筆簽字比印章的信用更大，而我國使用印章的場合仍然不少，尤其是個人印鑑頗為重要，所以，應該注意印章的清潔。

最簡單的清潔法是利用口香糖。把咀嚼後完全沒有甜味的口香糖壓在印面，藉此可黏取印章內污垢。

也可利用牙刷刷除污垢，沾些洗潔劑輕輕擦拭印章刻紋裡的塵埃。

至於深陷在印痕裡的塵垢或印泥殘渣，只有利用牙籤小心地清除。不可使用針或圓規針頭等金屬性東西。因為，若傷害到最重要的「刻痕」就血本無歸了。

用完印鑑時，必須用面紙將沾在印面上的印泥擦淨，不要嫌麻煩。這不但可預防印面模糊，同時也可防止印泥的污垢沾到其它的東西上。

另外，用印章時最好的方法，以寫「0」字的手勢平均的按壓下去。

11 用紗布彌補過多的印泥

若只知把印鑑維護好，卻讓印泥亂七八糟，也是不可以。

據說上等的印泥稱為「銀朱」，在艾草裡添加蓖麻油或松油煉製而成。使用銀朱所蓋的章即使紙張燃燒成灰，所蓋的印章會留下紅色痕跡可清楚辨別其文字。

即使不是如此高級的印泥，若印泥已成污垢，必須重新揉搓將表面處理乾淨。

若印泥過多不好用，可在印泥表面墊一張薄紗布即恰到好處。

12 使毛筆回復勁道的方法

毛筆若塵封已久，一直放在筆盒裡，筆頭會堅硬且失去原有的彈力，寫起來有欲振乏力之感。

這時，首先將毛筆泡在溫水中去其僵硬，將筆毛整理順齊之後，然後在毛頭用橡皮筋捲至適當的位置。如此毛筆就能產生彈力，而幫你寫出一手好字。

寫完之後也要小心保養，浸泡在廚房用的漂白劑裡去除其污垢後，用水洗淨陰乾水氣。接著沾一些蛋白使外形齊整，然後陰乾。

如此一來，就變成勁道十足的毛筆。

13 當鋼筆的墨汁阻塞時

購買鋼筆時試著寫一個「8」字。

若想買鋼筆，絕對要試寫直到滿意為止。否則，實際用了之後會發覺寫起來不順，而又多了一隻抽屜的收藏品。

8這個數字最適合檢查鋼筆頭的狀況了，反覆地寫寫看。然後再畫直、橫線，選擇自己最喜歡的厚度。

鋼筆用久之後會因為墨水的殘渣或塵埃的污染，而使得筆墨的出水不良。

把鋼筆泡在溫水中，直到墨水完全消失後再充分地乾燥。重換一根墨心一定可以寫的順暢流利，若要換其它廠牌的墨心或更換顏色時，也要浸泡在溫水中讓裡面殘存的墨汁全部清除後再更換。

為了讓墨汁殘渣及污垢充分地溶解在溫水裡，必須浸泡十～二十分。也可利用水管的水壓一次沖淨，如此一來鋼筆將更耐用。

14 如何使獎杯閃閃發亮

高爾夫或保齡球比賽中獲勝所得到的獎杯，雖然看在他人眼裡毫無價值，對當事者而言，卻是令人懷念的紀念品。

雖然綁在上頭的紅白緞帶的顏色已經褪色，卻仍然想把它擦的閃閃發亮。用法蘭絨布沾點牙膏或重碳酸水再擦拭，不但可清除污垢而且會散發出晶瑩的光輝。

讓過去的光榮再次甦醒吧！

15 鋼琴鍵盤上的手垢用什麼清除？

鋼琴現在已變成嫁妝之一。

有越來越多不會彈琴的人，在房間擺設鋼琴。然而，鋼琴必須奏起樂章才有其價值。希望不要在鋼琴上任意堆放物品，而且至少一年一次調整音律。

平常要勤用雞毛撣子拂去鋼琴外表的塵埃，或用軟質布塊擦拭，有時也用點鋼琴專用的去污油擦拭。

鍵盤上的手垢可用酒精擦乾淨，擦拭後打開琴蓋讓其完全乾燥。

象牙外殼的鍵越彈越滑溜，然而，若有人討厭那種黃色，可用漂白劑擦拭即可恢復原有的白色。

16 用牙籤清除豎笛的污垢

豎笛和口琴一樣，有助於培養兒童的音感。

豎笛會發出彷彿有點漏氣一樣的清柔音色，從小學音樂教室的窗口，時而傳來學生們所吹奏的笛聲。有時還會出現走調的聲音，聽起來令人不覺莞爾一笑。

塑膠製的豎笛和口琴一樣，可用沾酒精的濕布在笛口處仔細地擦拭，木製的笛則用溫水擦拭。

笛口內側的污垢則用紙做成條狀，從吹口處伸進去再由發音孔拉出來，反覆拉扯即可清除裡面的污垢。這時，千萬注意不可傷及發音的舌片，如果少了此舌片就無法吹出正確的樂音了。

17 將口琴孔內的污垢清除乾淨的要領

在夕陽下，橙色的餘輝染遍整個原野。在一片美麗的夕彩中，踏上歸途的孩子們之間傳來口琴那清澈的音色。

不過，這已經是昔日的光景，昔日的原野上如今到處是高樓大廈，不但鮮少看見美麗的夕陽，連口琴的聲音幾乎也不復可聞，委實可惜。

但是，口琴卻具有不論何時何地任何人都可吹奏的優點，透過嘴唇所發出的樸素音色，的確有股讓人難以割捨的魅力。

直接接觸口部的樂器總難免沾上污垢，而變得不乾淨。每次吹奏時若能清除污垢，音色比較清脆。

用沾酒精的布塊仔細地擦拭接觸口的部分，若口琴的吹口有污垢阻塞，則用牙籤捲住脫脂棉沾些酒精清理，即可將裡面的污垢清除乾淨。

18 用洗髮精清除布娃娃的污垢

布娃娃是兒童或女孩子們最喜歡的玩偶。

但是，潔白可愛的小兔子若變成灰色就太可憐了。覺得布娃娃髒時，可將其泡在溶化有中性洗潔劑或洗髮精的溫水中，用軟質布塊擦拭。如果污垢沉澱時，可用舊牙刷等刷洗，然後充分地將洗潔劑清除後，用吹風機吹乾。

若送到乾洗店清洗，有時反而會因再污染而變得更髒。所以，最好請較有信用的洗衣店代洗。

19 觀賞魚的污垢是一種疾病

據說棲息在沼澤中達百年之久的念魚、生活在水流狀況並不太好的湖水或池塘的魚，在魚身的鱗片上常會長苔。魚身上的青苔除了讓人感到一股威嚴外，還具有恐怖的氣氛。

不過，到各地的庭園觀賞池塘裡的魚群時，發現裡頭竟然有背部已成污濁的鯉魚，這個感覺可大不相同。因為，這會令人想到「難道沒有人可將這條鯉魚背部的污垢刷洗乾淨嗎」？而這是違背自然的現象。

熱帶魚、金魚在觀賞用水槽裡最容易發生的是染「白點病」。

「最近金魚身上怎麼長著一顆顆白色的東西。到底沾上了什麼？」若只是心存懷疑而不窮究原因，這個白點病會傳染給其它魚類而造成魚類死亡。

不僅是白點病，觀賞魚在狹窄的水槽中如果有疾病產生，都是飼養的水溫不安定、溫度過低、水質污濁、過多的魚餌腐爛破壞水質等環境惡化所造成的。並非魚髒而是水質污染，除了應向水族館專門店購買魚的治療藥之外，還要保持水質乾淨。

白點病最有效的治療法是提高水溫，因為白點病的細菌不耐熱，水溫提高到三十度C左右（夏天的室溫程度）持續數天。

不過，水溫突然提高，觀賞魚的體力會受損，必須留意。最好給予治療藥並利用水溫療法除菌。

20 利用鋁箔紙使盆栽花盆保持清潔

陶質的花盆可和盆內的植物及土共同調節水分，從花盆濕潤的情況就可清楚水分是否充足。素陶花盆的外表如果顯得乾燥，則表示植物的水分太少了。

相反的，透氣良好的素陶花盆卻容易長苔、生蟲。其實這是最自然的狀態。不過，在都市的狹窄住家的陽台、窗邊放置盆栽時，很多人認為這反而是缺點，大感不快。

同樣地，位於室內通風及日曬不佳的植物，容易長蚜蟲，蚜蟲會黏在植物剛長新芽的地方，吃掉嫩芽。而油蟲最討厭的是閃閃發亮的鋁箔紙或銀紙之類的東西。

在素陶的花盆上包上鋁箔紙，不但可預防蚜蟲之害，還有一點時髦的感覺。在日本，到醫院探病時，一般人習慣用鋁箔紙包住花盆再送給病人。這是因為醫院以清潔為第一，當然也不足為奇了。

21 象牙的麻將牌用乾擦最好

在塑膠製品全盛的時期，只要知道塑膠製的日常用品保養法，其它物品的保養也都可如法炮製，這是塑膠製品極為便利的一面。只要有可清除塑膠製品污垢的化學藥劑，幾乎所有的污垢也都能清除。

其實，這是化學品與化學品之間的戰爭，其基本相同解決之道當然也較易得知。

而麻將牌也以塑膠製品為多。正統的象牙牌所具有的厚實感透

過麻將遊戲中的莫測高深的樂趣，令人發覺有一股無可限量的魅力。但是，若只是想享受麻將的樂趣，用塑膠製的麻將牌已綽綽有餘了。不過，在此我們來談談正統象牙麻將的保養法。

象牙麻將牌的去污法，以用法蘭絨等柔質布塊乾擦的方法最好。因為自然的製品還是要用自然的方法。據古董店的老闆所言「從前流行使用象牙筷子時，用餐完畢後都不用水洗而是用布擦淨」。

據說古董店裡較有價值的古董，幾乎都以乾擦的方法做保養。當然，古董店裡是不會擺設「三百年前的塑膠製品」，所以，根本不須化學藥劑。

22 清除簽字筆筆頭毛絮的方法

簽字筆為何用不了多久就不能寫了。

本來覺得寫得滿順的，不一會兒功夫筆墨就變淡了。

而且，筆頭上會出現圓狀的毛屑，更不方便使用。

雖然如此，卻也捨不得立即丟棄，結果在筆架上到處林立著筆頭變圓而且寫不出字來的簽字筆。

其實，只要下點工夫還是可以使用的。

首先在發覺簽字筆寫不出字來時，將其前端的小金屬鬆開取出毛氈，再用吸管讓它吸飽墨汁即可。若用這個方法，只要筆頭還能用則可反覆使用數次。如果筆頭變成圓狀、長出毛絮，不但外觀難看，寫出來的字筆畫會分岔，這時要用銳利的小刀修護其外形。由於筆頭極小注意不要削壞了。如此一來就可以和一枝全新的簽字筆一樣寫得流利順暢。

㉓ 出墨太多的原子筆放在冰箱裡

最近文具用品可謂五花八門，依各人喜好可自由選擇水性筆、油性筆或螢光筆等。但是，喜好原子筆的人仍然不少。

不過，卻有不少人認為「原子筆出墨太多顯得骯髒」而對原子筆敬而遠之。的確，長期使用原子筆後，筆墨會聚積在筆頭成為污垢，一不小心就會弄髒手。

如果覺得原子筆的筆墨太多，可將其浸泡在冷水裡或放進冰箱。

相反地若原子筆的筆墨有滯留的現象，可利用暖爐或瓦斯爐溫熱，也可將其浸泡在熱水中。

24 清除打字機鍵盤的塵垢

國內目前中文電腦日益普及，勝過以往的英文打字機。不過，外國人寫書信時習慣用打字機。

在外國這已經變成一種常識。不論是學生、上班族或家庭主婦，書信都直接用打字機擬稿，最後再親筆署名。

這雖然令人覺得有待慢之感，不過，考慮到對方可省下因看不懂筆跡而費盡苦思的時間、心力時，這似乎也是一種禮貌吧。

但是，麻煩的是打字鍵盤的清理。打字鍵盤上到處都容易沾染污垢，而且不易清除。雖然有專用的刷子，卻只是把塵垢抖落而已，並無實質的助益。

這時，若把整個鍵盤倒轉過來輕拍，取出滯留在底部的塵垢，再用沾上酒精的毛筆擦拭鍵盤及細微的部分，必可將鍵盤清潔的光潔亮麗。

主機再用沾用沾上酒精的布塊擦拭。

列表機夾紙的部分，則一邊繞著轉軸擦拭。

25 用軟質布塊擦拭個人電腦的主機

個人電腦的鍵盤、按鍵式電話筒的每個字鍵周圍（側面），在不知不覺中很容易沾染手垢和污垢。

清理電腦時，必須將主機和磁片分別清理。首先，磁片像金融卡一樣，磁氣作用是其生命。因此，最重要的是一開始就不可弄髒。若弄髒了等於暴斃，只能更換新的磁片。

因此，在清理時注意不可讓指頭碰到中央部分。同時，也必須留意不可放在磁石等帶有磁性物品的附近。

至於包括畫面的主機部分(外圍部分)則用軟質布塊乾擦。若乾擦無法去除污垢時，則用沾過水而擰乾的布塊（紗布等）擦拭。

這時必須留意的是絕對不可使用揮發油或酒精、松香油。當然，化學抹布也不適合。

若擦拭也無法去除污垢時，就在布塊沾些清除電視、音響或玻璃等洗潔劑（傢俱或住宅用的洗潔劑）擦拭。

清潔按鍵式的電話鍵盤也是一樣方法。

另外，若能使用專門清理CD污垢的「鹿皮」，是最好不過的。

26 用揮發油擦拭化妝用的刷子

雖然已經察覺卻懶得清理的東西之一，是化妝品的污垢，除了粉餅之外，臉頰肌膚的油氣會使腮紅的刷子、香粉泡棉、眼線刷、眉刷等沾染上化妝品的污垢與油氣。但是，有一個迅速的解決方法，是要用揮發油快速地擦拭這些刷子，就可去除一切的污垢，不過這會留下一些氣味。

刷子有使用動物毛及尼龍毛等製品。尤其是最近的化妝品所附帶的刷子多半是纖維製品。在此分別說明其保養法。

使用動物毛的刷子，只要用清淨棉沾點揮發油擦拭，就能輕易地清除沾染其上的化妝品污垢。腮紅、口紅、眼線等所沾到的污濁色素一下子就清除了。

人工纖維的刷子當然也可以利用石油精清除污垢，不過，這種刷子的每根毛的切口和一般的人工製品一樣，切割的過於尖銳，在這個部分若沾上污垢就很難清除乾淨。而且，若沾上清淨棉的細小纖維可能更令人不快。所以，清理纖維刷子，最好將它浸泡在洗潔劑的溶液中。

27 不要使眼鏡的鏡片模糊

不要跟帶著一副鏡片模糊的男性談戀愛。

因為鏡片模糊、鏡框沾滿手垢也毫不在意地戴在鼻梁上的男性，在其他方面也一定是邋遢不乾淨的。

對掛在臉孔正中央的眼鏡都那麼遲鈍的男性，在其他方面會保持清潔嗎（這樣說不過分吧）？

每天早上，出門前最好用沾上酒精的紗布把眼鏡擦的晶亮光潔。然後在口袋放著鏡片洗潔劑，一有污垢隨即取出擦拭。

空閒時用玻璃去污劑或自宅用洗潔劑把鏡框擦拭乾淨，這樣的保養才算合格。

28 眼鏡必須事先做好防霧處理

約會中絕對不可拿掉眼鏡。

經常帶眼鏡的男性，若不經意地拿掉眼鏡時，有時會使在旁的人心驚膽跳而趕緊岔開視線。

這和臉孔是否英俊瀟灑無關，而是拿掉眼鏡的面貌完全不一樣，而且鼻梁上深陷的眼鏡痕令人不忍卒睹。

所以，和交往不久的女朋友約會時，正當兩情相悅，氣氛極為羅曼蒂克的情況下，若疏忽摘下眼鏡用手帕擦拭，恐怕對方不會再答應下次的約會。

當濕氣、溫度差極大時，眼鏡會模糊造成不便，必須隨時拿下來擦拭。所以，事先應在面紙上沾一點洗髮精擦拭鏡片，等乾了之後用手帕擦淨，如此即可預防鏡片模糊。

請把眼鏡當作臉孔的一部分吧。

29 沒有橡皮擦時用水擦拭

兒童很喜歡收集橡皮擦。

即時已經有很多的橡皮擦仍然喜歡新的，但是，新橡皮擦卻不使用，而將它當成寶貝一樣保存在抽屜裡，使用的多半的是已經變小變形的橡皮擦。

這就是兒童的世界。

橡皮擦是用來擦拭錯字或骯髒的，然而橡皮擦若本身沾有污垢反而會弄的更髒。為了避免再污染，在洗衣服時可將橡皮擦一併放入洗衣機裡清洗，洗完後和全新的橡皮擦一樣，彷彿換了新衣裳一樣。

另外，手邊沒有橡皮擦時，有一個簡單的方法可更正用鉛筆寫錯的字。只要用面紙沾一點清水輕輕地擦拭。彷彿變魔術一樣，錯寫的筆劃立刻就不見了。不過，必須輕輕地擦拭，否則紙張會破了。等紙乾了之後再重新寫上字。

30 用毛筆去除乾燥花的塵垢

假花永遠不會枯竭。

〇〇七情報員雖然死過二次，一旦枯竭後的乾燥花，卻不會再次枯竭。

但是，乾燥花若用手碰觸恐怕會使花瓣掉落，因此，不可輕舉妄動，也正因為如此，很容易沾染污塵，不過，若是輕微的污塵最好用口吹去，若還無法清除時，可用質軟的毛筆擦拭。

31 替討厭洗澡的愛犬洗澡的方法

狗是對主人極為忠實的動物，被火車送到遠離家鄉數百公里的外地的狗，一段時間後終於又回到主人的住處。雖然，並非所有的狗都這麼聰明靈俐，然而即使是感嘆「我家的狗真笨啊！」的人若有愛心及細微的照料，笨狗有一天也會變成靈犬。

每天必須勤快地替狗刷毛，因為這可除去狗毛上的污垢並增加光澤。尤其在春末秋初之間，狗毛容易脫落的季節。若使用手提式的電器吸塵器，能使狗覺得舒適而且煥然一新。

另外，也必須在晴朗的天氣替狗沐浴。狗的耳朵若進水很容易感染外耳炎，因此，在沐浴時最好塞上棉花。

替狗洗澡時絕對不可讓頭部泡進水內。同時，身上的肥皂泡若不清洗乾淨，恐怕會造成皮膚病。

泡在水內的狗都會抵抗而四處亂動，因此，必須一邊安撫牠並迅速地替牠清洗。

洗完後用毛巾去除其水分，再用吹風機烘乾後牽到戶外。

若碰到寒冷的冬天、梅雨季節無法替狗洗澡的時候，在狗身上灑些嬰兒爽身粉仔細地擦拭其全身，讓狗毛完全沾上爽身粉。然後再用刷子刷毛，如此可去除狗身上的塵垢及污垢，同時也可去除臭味。

32 使小鳥和鳥籠變得乾淨的秘訣

十姊妹及文鳥最容易飼養，而且很快地和主人相處融洽。若想聽鳥聲，則選購金絲雀或黃鶯鳥；而看起來漂亮、會說話的鳥是鸚鵡、九官鳥。

選購鳥類時羽毛整齊、精神煥發、腳爪顏色紅潤而無皺褶的就是年輕的鳥。鳥的臀部沾上鳥糞、羽毛鼓脹、頭顱深藏其中的鳥，多半是生病或體弱的鳥。

每天早上必須清潔鳥籠，更換飼料及水，取出籠底下抽屜清除其糞垢。而事先抽屜內墊一張紙，以後清除糞垢時只要更換紙張即可較為方便。

早上若沒有空閒替鳥張羅，最好在晚上把所有的工作做好。鳥在黑暗處不會進食，因此，到了隔天早上仍可維持乾淨。

鳥必須選擇好天氣時讓鳥泡水，夏天每天都可讓鳥泡水。十姊妹、文鳥等可泡水，不過，畫眉鳥、阿蘇兒鸚鵡等必須由人予其沖水。

可從鳥籠上用噴壺澆水，有時也可在雨中將整個鳥籠拿到屋外淋雨。

讓鳥泡水可去除沾在羽毛上的塵垢，反覆數次泡水後，羽毛的顏色會變得鮮明漂亮。

鳥爪過長時恐怕會絆到鳥籠的鐵絲網而造成骨折，因此，必須隨時替鳥剪趾甲。在陽光的照射下剪去透明的部份。千萬留意不可剪到血管。

33 用酒精擦拭照相機

本來一個家庭一台照相機，不久前已演變成人手一台的狀況。現在市面上甚至出現了底片照相機的噱頭，可說是拍完就丟的照相機時代了。

而且，從價格昂貴的高級品到傻瓜相機、數位相機等種類繁多，價格也參差不齊，簡直令人眼花撩亂。

但是，花大筆鈔票買回的照相機若不勤加維護，等於是暴殄天物。有些人非常留意鏡頭的清潔，也有許多人對鏡頭的清理毫不在意。

容易沾上手垢、塵埃的機體，可用沾上酒精的軟質布塊擦拭，裝底片的地方也會沾上塵埃、污垢，當然也要留意清理，用毛筆可將躲在小處的污垢擦拭起來。但是，鏡頭絕對不可沾上酒精。

34 清除刮鬍刀上鬍鬚殘渣的污垢

鬍鬚長得快的男性，即使早上刮了鬍子，到了傍晚鬍子就長出來了。

有人說這是男人的性感象徵。其實，鬍子多並不見得就代表有男人味，倒是他所使用的刮鬍刀的壽命較短，似乎是可以確定的。

卡夾式的刮鬍刀，目前以兩片刀片的最為普及。不過，刀片之間會殘留鬍鬚渣及塵埃，很難清除。這時用牙籤掏出裡面的污垢後再用清水一邊沖洗一邊擦拭，可使刮鬍刀的壽命延長。

卡夾式的刮鬍刀可以用過即丟。不過，若發覺兩片式的刮鬍刀不太鋒利時，用老舊的皮帶或飯碗的底部磨擦會使鋒口變得銳利。

這個方法頗為傳統。不過，專家們都非常重視這類傳統的方法。

35 如何清理汽車車體上的柏油

即使坐在最新穎的新車上，車體若滿是油污，車內到處是灰塵，會令人感到掃興。

洗車的要領是從輪胎先洗。由上往下洗車時，車體上的污垢會四處飛濺，不得不再洗一次。

另外，車體下方或緩衝器的下方有時會濺到柏油。開車經過施工中或剛鋪好柏油的馬路上，最容易發生這種情況。當車體沾上柏油時，必須儘快清除乾淨。

柏油沒辦法利用自動洗車機洗淨，然而，若任由它去恐怕在車體留下破洞。其實用石油可將柏油清除乾淨，碰到沾上柏油時應立即清除。

雖然松香油也可去除柏油，卻會傷及車體的表面，最好不要使用。

使用一、二年的車，會因水垢、油漬而產生黑濁的污垢。這時可到汽車材料行購買粗臘沾在布塊上擦拭乾淨。當然，如果用力擦拭也會傷害車體外表的烤漆。因此，擦拭時務必小心。

36 車體的損傷必須立即處理

一般人剛買新車時會把車體擦得光滑亮麗，並隨時注意有無受損。但是，使用數個月後，對車上的細微損傷就毫無在意了。每次總是想等烤漆其它部位時再一併修護。結果，一拖再拖車子就生銹了。

其實，只要用砂紙將銹垢除去後，再塗上防銹劑，然後噴一層漆就可不必送到車行修理了。

另外，為了使損傷復原也可黏上貼標。選擇自己喜歡的貼標做成漂亮的圖樣貼在上頭，也是一種時髦。

37 西服毛刷是車內的必備品

有些人認為車子只不過是交通工具，只要能開就好，並不在意外表一定要光滑亮麗。但是，即使如此，車內也應維持清潔。

目前還有觀念老舊的人，碰到車內有垃圾隨即往車外丟。否則似乎無法感到坐車的實感。

但是，身為現代人應在車內準備一個垃圾袋。因為，從車內往外任意拋棄的垃圾，也可能惹來一場車禍。

車內的座椅若是鋪上坐墊，可準備一把西服毛刷隨時刷淨。皮革坐墊則用沾有洗潔劑的抹布用力擦拭。另外，準備牙刷或小刷子清除小地方的污垢。車內的天花板或車門內側的其它部分也是一樣清理。

踏墊的下面或坐墊的角落，所積存的垃圾或污垢是造成惡臭的原因。因此，必須隨時用吸塵器吸除乾淨。

38 檸檬最適合清除車內的臭氣

即使將車內打掃的一乾二淨，有時仍然會聞到獨特的臭味，令人覺得不舒服。容易暈車的人對這個臭味尤其受不了。

如果市面上銷售的除臭劑，仍然沒什麼效果時，可擺放二、三個檸檬或蘋果，這兩樣水果可清除車內獨特的氣味，並散發出淡淡的香味，令駕駛者在駕駛的過程中覺得舒適愉快。

若擺放香蕉或香瓜，由於這兩種水果的香氣很濃，長期擺放會腐臭，最好避免。

另外，在煙灰缸裡放一些泡咖啡後的咖啡渣，不但可迅速熄滅香煙火，同時殘渣燒焦時會散發出咖啡特有的濃郁香氣。不喜歡咖啡味道的人，可在煙灰缸裡放著含水的海棉或脫脂棉，即可迅速熄滅煙火。

39 去除腳踏車車輪油污的方法

在腳踏車的老本部法國，有老主人親手併裝成的越野腳踏車，據說價值高達七、八萬元，可謂腳踏車的藝術品。

即使不是這麼高級的腳踏車，腳踏車還是需要經常保養的。若用洗潔劑擦拭，洗潔劑會侵入腳踏車的各個角落而造成生銹。

腳踏車的烤漆部分若生銹，特別醒目，因此，在擦拭時基本上不可弄濕。若擺在戶外一定要用塑膠袋套住。

定期在把手、車鍊護板、車輪等金屬部位塗臘，以避免其表面與空氣或水分直接接觸。一旦生銹之後，絕對不可用砂布擦拭，這會使烤漆脫落加速生銹。最近在腳踏車專賣店裡有出售除銹專用的去污液，用這種去污液擦拭後再塗上一層臘。

當車輪走動時會沾染污垢顯得非常難看。最簡便的解決法是，用沾滿燈油的抹布擦拭。

手把或座椅處也容易產生污垢，這些合成樹脂的部分則用中性洗潔劑擦拭。

第五章　清除住宅污垢的方法

1 如何去除沾在地毯上的果汁

據說西瓜中有百分之九十五是水分。沖完涼後吃一片冰涼可口的西瓜，可說是仲夏夜裡的一大享受。如果西瓜太大無法放進冰箱時，可放在水桶中，再用濕毛巾蓋住浮在水面上的部分。這個方法比放在冰箱更能迅速冰涼。當然，最簡便的方法就是，把西瓜切成片用保鮮膜包好放在冰箱裡就可以了。

除了西瓜之外，橘子等很多的水果都含有大量的水分，一不小心果汁就會將地毯弄髒。

碰到這種狀況，首先用面紙吸取水分，然後在溫水裡放些中性洗潔劑，用布沾濕後拍打弄污的地毯。若還殘存著色素，用沾上醋的布拍打即可處理乾淨。

若是牛奶、醬油、咖啡等污漬時也可使用同樣的方法。

假如在地板上踩上飯粒或紅豆粒，先用塑膠掃把或刷子除去污垢後，和果汁一樣的處理法。

2 如何清除沾在地毯上的奶油

「小寶，吃土司的時候不可在房間喔！你看你看，掉下來了吧！」眼看著小寶手上那塊塗滿奶油的土司，一滴滴地掉出黃色的奶油，沾在地毯上。

這時趕緊用面紙等將固體部分取走，接著立即用揮發油拍打將可能去除的油分去除，然後用牙刷或指甲刷沾些中性洗潔劑輕輕地刷除。接著用溫水清除洗潔劑，最後再用酒精擦拭即可。

除了奶油，沙拉油、沙拉等油質的東西在地毯上所造成的污穢，都可使用這個方法處理。

請記住，去除任何污漬時，一定要從周圍往中間的方向清除。若是採相反的方向，油污會擴大而變得不可收拾。

3 地毯上沾上狗的尿屎時

看到在地上翻滾的小狗，即使不是喜歡狗的人也會忍不住想要抱在懷裡。

小狗不停地追逐自己的尾巴而翻滾，看牠那副緊追不捨的頑皮樣，隨處翻滾的憨勁真是百看不厭。

但是，一不小心突然冒出小便，糟了！如果是在地毯上更糟了！這時必須趕緊用沾上溫水的抹布擰乾後拍打，然後再沾些醋擦拭。如果不是小便而是大便時，清除糞便後用沾上中性洗潔劑的布塊擦拭，再用醋擦一遍，即可將污漬與臭味去除。

接著再用暖爐、吹風機或電風扇等使其乾燥。

4 原因不明的小污漬

據說下雨天寄情書時，必須在筆墨上塗上一層臘，以免字跡被雨淋模糊。不過現實的問題應該才是最重要吧……。

如果情書被雨淋濕了，確實會使接到情書的情人感到欲哭無淚。所以，事先塗一層臘多少可以放心點。

寫情書時若不小心將墨水滴到地毯上，可用中性洗潔劑與醋水擦拭。若是極為名貴的地毯，則用牛奶小心擦拭。

簽字筆或奇異筆的污垢或不明來歷而難以清除的污漬，可用丁醇（butanol）的一種酒精去除。不過，這不可使用於純毛以外的地毯。

另外，若發覺不明來歷的小污漬時，也可試用下面這個方法。

在粉筆頭沾些酒精擦拭污漬的地方，等待乾燥之後再用刷子刷除。也可使用市面上所販賣的去除污垢專用的粉筆。另外，粉筆的顏色最好能跟地毯配合。

5 地毯上留下焦痕時

地毯的污垢中最令人束手無策的是焦痕。

若是有花紋的地毯，焦痕就不會特別明顯。但是，淺色、素面的地毯若有一點小焦痕則會特別醒目。

若無法清除時，可在上面鋪些踏墊或毛織品，或在上面擺放盆栽或裝飾品做為掩飾。

如果是長毛地毯，焦痕的處理並不難。方法是將有焦痕部分的毛剪除，再用刮鬍刀剪些角落處不太顯目的地毯毛，用黏著劑黏在燒焦的部位。在乾燥之前先用雜誌等墊在上面。

6 用雪去除地毯污垢的方法

地毯本來是從歐洲傳來的家庭裝飾品，這也許是留洋的學者或醫生所帶動的風潮。據說當時的維護法也是倣效歐洲用雪來清除。

方法是每逢下完雪後，把地毯拿到花園用雪覆蓋在上面，再用掃把掃除，然後將地毯反過來用腳踐踏。這個方法不但需要人手還需要時間。但是，雪卻可以完全吸除毛絮中的污垢，而且一點也不會沾濕，是非常好的方法。

但是，目前除非在冰天雪地，否則根本無法使用這個方法。

7 報紙最適合擦拭玻璃窗

「老公！不要光看報紙，也幫忙擦一下玻璃吧！」

這則TV廣告的結尾是「我正想做怎麼妳就說啦！」與前文有種前後呼應的滑稽感。是一則令人懷念的古老TV廣告。

其實，報紙可將玻璃擦得光潔亮麗，真神奇吧。而且報紙比『紐約時報』或『倫敦郵報』的紙質、油墨程度都要好得多。

先將報紙沾濕迅速地擦拭一遍，接著再用乾淨的報紙揉成一團，仔細地擦拭以增加光亮。這個方法既簡單又經濟。

「老公！看完報紙後用報紙擦擦玻璃吧！」這樣的電視廣告不錯吧！

8 皮質抹布適合擦拭玻璃

幼小兒童有時喜歡用舌頭舔窗戶。因此，這種兒童的家庭，最好不要使用報紙擦拭玻璃。而且報紙並無法清除頑劣的污垢。

最理想的是，用皮革的軟布在沾有阿摩尼亞的水中搓揉後再擦拭玻璃，這樣就可完全去除污垢。不過，其缺點就是皮抹布花費昂貴，但是耐用。若有不良品的皮革或碎片也可。

玻璃上的污垢因其性質不同，處理法也各有不同。

若是墨水、蠟筆、鉛筆等污垢，用擰乾的布塊沾些清潔劑擦拭。

若是奇異筆所留下的污痕，可用指甲油的去光液擦拭。

若是毛玻璃，光滑的一面可用清水擦拭污垢。而粗糙的另一面可用舊刷子沾些清潔液擦拭或用乾布沾松香油擦拭。

9 榻榻米不可使用化學抹布

最近、新式的裝潢中流行起隔一間日式的房間。因此，接觸榻榻米的時間也有增多的趨勢。榻榻米的房間不但可以聞到一股清新的蘭香味，同時，可讓人將全身鬆弛成大字形地徜徉其上。這可說是榻榻米令人覺得舒適的地方。

不過，榻榻米最忌諱水氣。因此，用吸塵器吸取灰塵後必須用乾布乾擦。若使用化學抹布，會在榻榻米的表面留下油氣，很容易積來污垢。因此，絕對不可使用。

若發覺乾擦後表面仍然顯得污濁時，選一個晴朗的天氣，將窗戶全部打開，在溫水裡沾些住宅用洗潔劑，用抹布沾濕後擰乾後再擦拭，然後用清水擦拭一遍後儘快使其乾燥。

若覺得日曬後顏色會焦黃，則用溫水加醋的液體擦拭。這樣多少可去除黃垢。榻榻米的邊緣可用舊刷子用指甲刷沾些洗潔劑擦拭，再用布塊擦乾淨。

10 榻榻米上傢俱的凹痕

有時為了調整情緒，會把家裡的傢俱重新擺設。

然而，搬動傢俱後才嚇一大跳。原本擺著衣櫥的地方，搬動後才發覺地上的榻榻米和其它的部位不同。同時，還留下凹痕。

但是，一點也不用擔心。因為傢俱在榻榻米上留下的凹痕非常容易解決，只要用濕毛巾按在凹痕的部位，再用熨斗燙一次就行了。

當然也可使用蒸氣熨斗，地毯上的凹痕也可用同樣的方法去除。不過，用熨斗燙平後要用刷子將毛刷起來才顯得自然。

問題是顏色的差別，這便令人束手無策了。只能用坐墊等做掩飾。

11 去除夾在榻榻米細縫中的爽身粉

一對年輕的夫婦帶著嬰兒投宿一家日本式的旅館。

晚飯前，太太替嬰兒洗澡，正想打開爽身粉的盒子替嬰兒擦拭時，不小心一溜手……榻榻米上全都是爽身粉。年輕的太太慌張之餘，趕緊用手上的毛巾擦拭，結果爽身粉跑進榻榻米的細縫中，更難以清除。

這時，年老的老闆娘拿來一把粗鹽說不用擔心。將粗鹽灑在爽身粉上面輕輕地拍打，夾在細縫裡的爽身粉一一地彈跳出來黏在鹽巴上，再用吸塵器一吸就乾淨了。

據說，這位年輕的太太以後對婆婆所說的話都洗耳恭聽。

這個方法也可去除香煙灰、蚊香灰的污垢。

⑫ 用雙氧水擦拭榻榻米上的焦痕

據說名偵探福爾摩斯是個老煙槍，房間裡隨時瀰漫著煙霧。對他而言，香煙似乎是一種頭腦營養劑。其實抽香煙的方法因人而異，各有其特色。

據說，面對生人即猛抽煙者個性靦腆；抽一口煙即將煙弄熄在煙灰缸裡的是性急，叼著香煙與人談話者是屬於暴君類型；而濾嘴沾滿口水的人是喜好女色又邋遢的男人。

不論是那一種類型，若不小心把香煙掉在榻榻米上留下一個焦痕，應隨即用沾有雙氧水的布塊拍打留下焦痕的部位讓其褪色。這樣就不會顯得過於醒目。

焦痕若非常小，可以剪一片席皮貼在榻榻米上。這種補貼法一點也不醒目。

焦痕太大時只好斷然地將該部位割除，然後再到榻榻米店要一塊比燒焦部位更大一點的榻榻米，回到家後再依大小裁邊再塞進空洞裡。這時，在接合的部分沾些接合劑再燙平。

13 用牛奶稀釋榻榻米上的墨水污漬

想補充鋼筆墨水時，一不小心往往會弄髒榻榻米。可立刻用布塊、面紙或隨處可取的鹽巴吸取墨汁。

然後在污漬上澆一點牛奶，再用布擦拭。反覆擦拭數次後，污漬就會消失。不過，若是沾上奇異筆的墨汁，只能利用洗潔劑。

在牙刷沾些住宅用的強力洗潔劑刷洗。這時，必須沿著榻榻米的紋理擦拭才會乾淨。

14 用膠帶黏取窗戶外框溝裡的塵埃

任何質料的窗戶外框溝，都容易囤積塵垢。

用掃把掃除只會弄得滿天飛塵。倒不如用膠帶黏取溝內的污塵，耐心地反覆黏取必可將塵垢清除乾淨。

然後用噴霧式的防水膠噴過，不但可增進滑溜感也可防水。若有人覺得還要特地去購買噴霧式的防水膠而覺得麻煩時，建議您使用蛋殼擦拭。

方法是用濕抹布包住破碎的蛋殼擦拭。

15 鋁製窗框不但防水又避噪音

在鋁製窗框所發生的污垢，可用竹塊捲住布塊擦拭。若用面紙沾濕後擦拭，更為簡便。

這時，若能塗上防銹用的臘，不但有助於掃除，也以後較不易沾染灰塵。

若覺得窗框下的輪軸變得不滑溜時，可將窗戶拆下用縫紉機油潤滑即可改善。

16 用海棉刷洗紗窗

大家都知道紗窗很容易沾染塵污，卻懶得去清理。結果一拖再拖到了年終大掃除時，才不得不動手。

如果用指頭擦拭紗窗而不會變黑時，這個家庭的主婦可以稱得上是擅長理家又愛乾淨的人。

準備兩個大一點的乾海棉或棕刷子，從紗窗的表裡兩側夾著刷洗，這個方法可以避免紗窗變鬆弛。在刷洗中灰塵會四處紛飛，所以必須帶上圍巾及口罩。

若污垢非常嚴重時，可用沾上住宅用洗潔劑的海棉刷洗。要領是雙手的力道必須平均。

17 增加樑柱光亮的妙法

所謂「一家支柱」的「柱」，是指「受人依靠的人」的意思。

正因為是一家中「受人依靠的人」所肩負的是難以言喻的辛苦，經常弄得身、心疲憊不堪。而撫慰這些傷痕的是女主人的溫柔言語及安慰。

不過，住宅中的木柱子、門框並不需要溫柔的言詞，倒是必須經常用軟質布塊擦拭，在布塊裡包裹原木使用的臘或米糠細心的擦拭。

這不但會增加木柱的光澤，清潔後還有一番獨特的風味。

還有一個絕妙的方法可以去除嚴重的污垢。在塑膠袋裡裝進少量的水，其中添加二、三大匙鹼性蘇打水，然後再用毛筆沾濕後塗在污垢的部分，塗抹後用沾水的抹布擦拭一遍即煥然一新。

膠手套。

不過，在擦拭時要特別小心，使用鹼性蘇打時不可直接用手接觸，必須戴上塑

18 利用漿糊及畫具修補木樑的孔穴

木質樑柱很容易受損，若是輕微的受損可塗上臘做為掩飾。不過，若是拔掉圖釘後的孔穴或裂痕呢？碰到這種狀況就棄之不管的人似乎不少。

其實這並不構成問題。有一個方法可以將這些孔穴、裂痕掩飾得完美無缺。只要準備一般用的漿糊和水彩用的畫具就行了。

將比樑柱的顏色更深的水彩顏料和漿糊混合後，用火柴棒沾取填補樑柱上的洞穴。填補完後用濕毛巾擦除多餘的部分即可。

19 化學材質地板的修護要領

綠色的地板加上綠色的壁紙，窗上掛著格子花紋的綠色窗簾……

可以依各人喜好自由搭配室內顏色的，是油布或塑膠磚等化學材質的地板。

廚房使用的是綠色的幾合圖形花樣，小孩的房間是粉紅色花紋的壁磚等等。房

間的氣氛可隨著用途及裝潢的搭配，可自由選擇色樣而改變。

化學材質的地板，一般可用化學抹布或尼龍掃把掃除。不過，椅子的周圍往往會留下黑色的污垢。

碰到這種狀況，用布沾些住宅用的洗潔劑擦拭即可將污垢去除。不過，水分若從地板的接合處跑進去，容易使接著劑剝落，事後必須注意將水分擦拭乾淨。

若覺得地板漸漸失去光澤時，可塗上水性臘。

不過，再怎麼注意防範水氣，日久之後，仍然會有幾片地磚的接著劑慢慢地剝落，這時可用專用的接著劑再重新黏貼。

從接縫溢出的接著劑可用揮發油去除。

20 簡單清除彈墊地磚的修護法

赤著雙腳走路，覺得最舒適的是彈性地磚，它是由彈墊層和表面的化粧層雙層黏接而成的地磚，沒有磁磚的冰冷和堅硬感，最近頗為流行。

其中有和地磚一樣呈四方形黏著而成的方式，以及呈捲筒式鋪設的方式。

彈性地磚留下香煙的焦痕時，如果是四角方塊的地磚，只要拆除留有焦痕的部分。但是，捲筒式的就為難了。

在此提供一個好方法以供讀者參考。

只要剪去上層的化粧層而留下下層的彈墊層，這時為了配合整塊地磚的花紋，要將完整的花樣去除。

再找出同樣花紋的四方形彈性地磚，取其表面層，用接著劑黏貼在原來的部分即大功告成。上面用重物壓一會兒以後就不會翹起。

21 原木地板的清潔法

從前日本式的大宅府，常可見筆直的原木走廊上清理得光滑亮麗、一塵不染。用指頭磨擦時會發出清脆的響聲，湊過臉去還會看見自己的臉孔。這種原木地板目前可說是最高級的奢侈品了。

據說清理這種原木地板要用沾上豆漿的抹布擰乾擦拭，或在布塊裡包上豆殼擦拭，不但費時且勞力。但是，卻不會有臘油的臭味，也不會因塗上臘而過於滑溜。

用沾洗米水的抹布擰乾後擦拭也可增加光澤。若能每天勤快地乾擦，一個月只要塗一次臘就可以了。

22 塗上透明漆的地板禁止使用強力洗潔劑

兒童容易受傷。身體常有擦傷的痕跡及割傷的痕跡。有時身上淌著血還一臉無所謂的表情叫嚷著要吃點心。滿身汗水夾雜著血痕走進家裡，地板上難免會沾上一些血跡。

若是透明漆或上漆的地板，住宅用的洗潔溶液會使塗料剝落。這時只能使用一般住宅用的洗潔劑。但是，血污則要用阿摩尼亞的溶液清除，最後再用擰乾的抹布擦拭。

地板上沾有口香糖時可用竹片去除，再用沾上燈油的布塊擦除。

塗抹油性臘可預防地板上的透明漆脫落。不過，如果臘塗得過多而變得滑溜時可灑些重碳酸水後再掃除乾淨。

23 掩飾水泥牆上鐵釘洞的方法

要在水泥牆上打一根釘子可不簡單。因為水泥牆極為堅硬，即使用鋼釘有時也無法打得牢靠。如果一次釘不成，就會在水泥牆的表面留下裂痕。

碰到這種狀況，塞在罐頭箱裡預防碰撞的發泡棉就派得上用場了。將它切成小薄片，鐵釘插在其上後，再貼在水泥牆上敲打，就可將鐵釘順利地釘在水泥牆上。

牆上有了破洞之後，總有一天將要把它補起來。

只要購買油灰用竹片塗抹在牆上就萬事ＯＫ。乾了之後再用砂紙擦拭一遍，再塗上漆或釉著色即可。

24 隨時在門口放一把海棉掃把

住在公寓或大廈裡頭，有時很想用清水刷洗一下大家隨時過往的門口。

用掃把掃除時，先在地上扔一些撕碎的濕報紙，就可預防灰塵跑進屋內。

海棉掃把乾燥時使用會產生靜電，因此，用它來掃除地面就不會使灰塵飛揚。然後沾濕後再擦拭一次就可輕易地將污垢清除，門口放一把這種掃把真是非常便利。

公寓、大廈的門口都是水泥地，若是有車子機油的黑色污漬，可先將表面清除後，再使用棕刷沾烤箱專用清潔液，即可刷洗乾淨。

如果不小心把重物掉在地上而使地面現出裂痕，只好買些水泥回來補修了。

25 門口的惡臭也是一種污垢

門打開馬上傳來一股刺鼻的惡臭，是很令人難受的。

拜訪他人的家時，經常會有這種經驗。即使應門的是位打扮入時的美人，然而一聞到這股惡臭後不由得令人感覺「這位女士難道只重外表而不重內在」。

也許住在家中的人並沒有發現這股惡臭。然而對於首次來拜訪的人而言，對他人門口的印象尤為強烈。

即使住在狹窄簡陋的房間，門口也應隨時保持清潔。

惡臭也是污穢之一。至少在自己的領域裡，應隨時對刺鼻的惡臭保持警覺意識。

某次我拜訪住在大廈的一位友人時，打開門的霎那突然聞到一股清香，不經意的一瞧，原來在鞋架上的角落放著一個除臭香劑。

市面上的除臭劑只有暫時性的效果。其實，把柳丁或檸檬皮放在漂亮的籠子裡，上面放著緞帶花掩飾，擺在角落也可除臭。

26 清除臭氣必須正本清源

當空氣受到污染出現「惡臭」時，就面臨了該如何對策的問題。最有效的方法是斷絕臭味的根源。

利用藥品或酵素的作用，將散發惡臭的物質以化學的方法轉變為其它性質。也可利用物理性的凝固或凍結的方法。若討厭魚類的腥味可將它包在保鮮膜內丟進冰箱冷凍庫結凍，就可解決問題。不過，魚的風味會變差……。而儲藏有氣味物質的容器本身，可利用市面上的除臭劑解除其臭味。

另外，也有運用「放逐」或「掩飾」氣味的方法。將封閉的空間對外打開，通風之後讓氣味擴散到大自然的「追逐戰法」可說是最健康的方法。

從前經常使用的「掩飾戰法」是使用香水等的方法。

換言之，是將惡臭矇混為「香味」，最常使用的是香袋或線香等，也可利用燻枯草、燻曬乾的橘子皮的方法。

現在的洗手間裡常使用噴霧式的香料，這種清新的香味可平撫神經的亢奮，使人沉著。但是，如果香氣過於濃郁反而會造成反效果。

這類「掩飾戰法」只具有暫時性的效果，並非正本清源的斷絕惡臭的解決法。

27 趁雨天清除陽台的污垢

請聽聽住在公寓式住宅的人的牢騷。

「真氣死人了。趁難得的好天氣把棉被拿到陽台上曬，打算收回來時，棉被上頭卻潮濕了。我想難道是下雨了嗎？抬頭往上看，原來樓上的太太似乎正用水刷洗陽台。一點也不考慮住在樓下的人，那麼一大把年紀了，真是的！」

真是都市人的可憐。住在公寓大廈時，對左右上下都必須「處處設防」。

為了避免造成這種不快，應該在雨天清理陽台上的污垢。在那種時候可以毫無顧忌地用水刷洗陽台。

為了公共環境的清潔，就把下雨天當作是清掃陽台的日子吧！

28 預防櫥櫃裡的濕氣

水泥建造的住宅，其缺點是容易產生濕氣。

櫥櫃若是陰暗又通風不佳時，對霉菌而言是最舒適的生活空間。

為了避免重要的衣物、棉被潮濕，應該在櫥櫃裡黏一面三夾板，並鋪上塑膠墊或專用的防潮布。

等天氣晴朗時再將櫥櫃打開通風，或用電風扇將風送到櫥櫃的每個角落。

㉙ 鞋櫃是蟑螂的溫床

對鞋子而言，鞋櫃是它們的家。

鞋櫃裡頭的架子，裡側應墊高，讓鞋子裡側也能通風。架子上最好鋪放經濟又可輕易更換的報紙。重疊二、三張後再鋪陳鞋子。

在鞋子裡放些餅乾盒裡的乾燥劑，也可預防發霉。

下雨天回家後，最好先在鞋子裡塞些報紙後放進鞋櫃。

當然，碰到晴朗的日子必須將弄濕的鞋子陰乾後去其濕氣，同時不要忘記用去污油或鞋油做保養與維護。

另外，鞋櫃也是蟑螂的溫床之一。最好在鞋櫃的角落放些蟑螂藥。

30 在塗漆牆壁上的塗鴉可用牙膏去除

看到潔白的牆壁就想動手去畫一畫，是幼童的天性，責備無用的。因此，與其大發雷霆，不如在孩子塗鴉後默默地將其擦拭，也許孩子拿著蠟筆的手會慢慢的從牆壁轉到畫紙上。

若是塗漆的牆壁，蠟筆、鉛筆的塗鴉可以輕易地去除。在脫脂棉上沾些牙膏就可解決問題了。

若是手垢之類的污垢，可用土司捲成一團擦拭，或用手套上毛巾布質的襪子擦拭。當然也可使用橡皮擦或砂紙。

牆壁上匾額所留下的痕跡或電器插頭附近的手垢等，也可利用這個方法去除。

若有上述的方法無法去除的嚴重污垢時，則利用兒童的水彩塗料塗拭。範圍較大時用水性油漆較便利。

如此一來，即使孩子胡亂塗鴉，也不會愁眉苦臉了。

在原木木板、三合板、透明漆或塗臘的牆壁塗鴉，可使用住宅用的洗潔溶劑清除。但是，土壁或沙壁只能用雞毛撢子揮去塵埃。因此，最好不要讓孩子碰觸這種質材的牆壁。

31 可自己更換壁紙或壁布的簡易方法

訪客的眼睛是很銳利的。

平常生活中不太注意的壁紙或壁布上的污濁，外人總會敏感地察覺，不論其內心有何感想，但也絕不會開口提醒主人注意。

偶爾也以訪客的心情，重新環視一下自己的住家環境，這時一定會發覺有許多意想不到的污垢。

一般的壁紙上不可用水洗，只能用雞毛撢子拂去塵灰，不過，若是樹脂加工的壁紙，則可用擰乾的抹布沾上洗潔劑擦拭。

布質的壁紙上若有顯著的污垢時，可使用泡沫洗潔劑清除。要注意的是不可使壁布弄濕，因此，在晴朗的天氣必須使其通風。

如果不論用什麼方法都不能去除污垢時，只好斷然地更換壁紙。

在空閒時親手更換自己所喜愛的壁紙或壁布，別有一番樂趣感受！

撕下舊壁紙時先將整體弄濕，使底側的漿糊溶化，比較容易拆除，因此，最好事先準備好吸水海棉。

市面上有各種各樣的壁紙和壁布，有些是裡頭有接著劑、有些只要沾濕即可張貼，使用便利又美觀，可依自己的需要選擇。

32 自己可以動手修理牆壁裂痕的方法

「啊，地震！」

碰到這種狀況時，因個人的性格差異，所表現的不同反應，在地震完後常令人大笑不已。

有些人赤著腳衝到室外、有些人躲在桌子底下如鴕鳥般翹著屁股顫抖不已、有些人一副天塌下來也不怕的悠哉樣子。您是屬於哪一種類型呢？

地震後牆壁上常會出現裂痕或凹陷。若是輕微程度的損傷倒可以自己動手修護。只要把石膏磨成黏土狀，塞在破損處就行了。不過，石膏一般在使用時動作要迅速，而牆上損傷的部份必須事先弄濕。

用竹片或奶油撫平表面，等乾燥後用砂紙擦拭一遍，再用水性油漆塗抹即萬事ＯＫ！

33 用金屬刷刷除水泥牆上的塗鴨

有些住家的水泥牆外常會被陌生人惡意地胡亂塗鴨。看到這種光景常會令人感到同情，同時也叫人擔心主人不知該如何才能清理掉這些胡亂塗抹的污垢。

沾在水泥牆之類材質上的污垢，只能用物理上的去污方法。使用住宅用的洗潔劑清洗，再用刷子刷除。若無法用一般用的刷子刷除時，只能用金屬刷或鋼刷等堅硬材質的刷子。

即時不是特別顯著的污垢，也千萬不要輕忽牆壁的清潔。車子通過後所沾上的污泥，用水沖洗即可，把骯髒化為乾淨不是令人神清氣爽嗎？

34 變小的肥皂的活用法

浴室中的肥皂變小時很難使用。

一般人在這個時候會換一塊新的肥皂，但是，變小的肥皂就一直擱在肥皂盒裡而無人問津。

這時小肥皂多半會黏著在新的肥皂上，不過，隨時會鬆脫下來，變得骯髒也使肥皂盒的排水不良而變得泥濘不堪。

因此，把所有變小的肥皂搜集起來用小刀切成細塊，再放進盒子裡擺在浴室的角落，就變成極為管用的小幫手。

洗澡時用刷子或海棉沾這些切成小塊的肥皂刷洗地磚，比使用一般的洗潔劑還能洗除污垢。每次洗澡都用這個方法刷洗地磚，不但使地磚時時保持光滑亮麗，還不會沾染頑固的污垢。

而最方便的是，由於洗澡時赤身露體並不用擔心衣服被弄濕或沾上洗潔劑。

35 用多餘的洗澡水刷洗地磚

據說從使用浴巾的方法即可得知該人的年齡。換言之，洗完澡後先用小塊毛巾擦乾身體後再包上大塊浴巾的是中年人，而從澡盆起來後隨即用二、三條浴巾包裹潮濕的身體的是青年。

另外，據說泡在澡盆時即使洗澡水溢出也毫無所謂的是青年。而事先用水桶取出洗澡水擦洗身體，再遲緩地進入澡盆泡澡的是中年人。其實這真是多管閒事。不過，你是屬於哪一種呢？

如果發覺洗澡水將要溢出澡盆時，不如在浸泡前先用洗潔劑刷洗地磚。因為泡澡後溢出的洗澡水可洗淨洗潔劑，即不會浪費洗澡水，也可將地磚沖洗乾淨，可謂一舉兩得。

鋪上地磚的浴室或沖澡處，最必須留意的是保持地磚接縫處的潔淨。如果無法用去污劑清除乾淨，最好用漂白劑一起使用。

將清潔劑用漂白劑溶解後刷洗，即會出現顯著的效果。但是，如果頻繁使用這個方法，恐怕會傷害到地磚的接縫處。

36 中空澡盆的剝落的修理法

「每個人至少一生必須洗一次澡」，這個入浴令據說是一三三九年英國亨利四世所制定的，委時令人驚訝吧！

因為在此之前，英俊的騎士及美麗的貴族千金們之間，並沒有入浴的習慣。當時的骯髒景況實在令人難以想像。

目前，有些人如果一天不洗上二、三次澡恐怕還覺得不甘心呢。

說到洗澡的澡盆，洋式的澡盆大部分是以中空的澡盆為多。而歐美則喜好鑄造的中空澡盆。鑄造的澡盆較耐銹。

平常的掃除較為輕便。只要用海棉沾上澡盆專用的洗潔劑擦拭，再用清水去除洗潔劑即可。沾有污漬的地方則用漂白劑去除。塑膠桶也用同樣的方法清掃。

排水口附近若生銹時，可用牙刷輕輕刷洗，即可清除乾淨。

問題是表面的珐瑯質脫落時該怎麼辦？雖然無法完全地補修，卻可適度掩飾。

掩飾法是用砂棒去除銹垢後，再用水及破布擦拭其表面，然後塗上與珐瑯同顏色的擦漆。乾了之後塗一次，乾了之後再塗一次，反覆數次後色差就不顯著了。

37 用漂白劑去除浴室牆壁上的霉污

浴室的濕氣較多，具有意外的效果。

顯得無精打采的觀葉植物，一整晚放在洗澡間裡隔天立即恢復生氣，難以用燙斗整燙的絹或絲綢的上衣，掛在浴室裡，衣服上細小的皺紋，立即消逝無蹤而變得平滑整齊。

但是，對浴室的牆壁而言，這股濕氣卻也是造成發霉的原因。若牆壁發了霉，首先用洗潔劑清洗，然後用噴霧式的方法，噴灑稀釋過的漂白劑，再用溫水清除乾淨。

另外，事先噴灑殺蟲劑也可預防發霉。

38 輕鬆去除浴室中各種水垢的方法

浴室裡所使用的塑膠洗臉盆、小水桶、小板凳、竹簾等，很容易沾上水垢而變髒。

在殘存的洗澡水裡放一些澡盆專用的洗潔劑，將洗臉盆、小水桶等，浸泡在裡頭。翌日，沖掉澡盆水時再用刷子一一地刷洗，即可將這些東西洗得一乾二淨。若是難以清除的水垢，則用面紙沾上洗潔劑，蓋在這些物品上一個晚上。

若是木質的浴室踏板，可用洗潔劑用力刷洗，再拿到日光下曬乾就不會變黑。

39 浴室門口的踏墊下要鋪設橡皮墊

洗完澡從浴室出來時，若踏上一塊潮濕的踏墊，不覺令人覺得不快。即使每天不清洗這塊踏墊，也應拿到日光下曬乾。

其實，並不需要購買數個浴室踏墊，只要利用舊有的地毯或破的絲襪、褪色的浴衣等，製作幾條浴室用的踏墊，勤快更換就行了。

另外，擺放浴室踏墊的地板會經常潮濕，所以很容易腐爛、囤積污垢。

在毯下鋪一塊橡皮墊，可預防毯子直接吸收水氣。但是，電毯與橡皮墊黏合一起的浴室踏墊很難清洗，所以最好不要使用。

40 用專用刷子清洗廁所

「家裡哪個地方希望隨時能保持清潔呢？」

這是對家庭主婦所做的問卷調查，答案最多的據說是「廁所」。

任何人都喜歡使用清潔的廁所，但是，一提到打掃，似乎大家都敬而遠之。不過，上廁所也會使人感到鬆弛，應該儘量保持廁所的清潔。

基於廁所裡一有污穢就須立即洗淨的原則，所以，在廁所邊應擺放一把洗廁所專用的刷子隨時備用。

並且至少一個禮拜一次，用廁所專用的刷子沾些添加漂白劑的去污液刷洗廁所。

若有無法去除的黃垢或黑垢時，則用廁所專用的洗潔劑。廁所的地板若是鋪上磁磚，那麼，用添加漂白劑的去污液擦拭。若是塑膠地板，則用住宅用的洗潔劑。

41 利用換氣與保溫預防發霉

住在鋼筋水泥建築的現代住宅的人，多少都會對牆壁或櫥櫃的發霉大為頭痛。這是所謂結露現象所造成的，這和冰水注入玻璃杯時，玻璃杯的外側會長滿水滴的原理是一樣的。

空氣中所含水蒸氣的量有其限度，其含量由溫度所控制。溫度越高，所含的水蒸氣越多。不過，超過其限度的水蒸氣會變成水，這就是結露。

空氣較為乾燥的冬天，之所以容易產生結露現象，是因為室內使用瓦斯爐、石油暖爐等，呈現高溫多濕的狀態。而朝向戶外的牆壁由於外氣的影響，而使溫度降低。超過限度的多餘水蒸氣於是變成水滴，而沾在牆壁上。由於這個結露現象，牆壁及天花板上會產生骯髒的污漬，而收藏在櫥櫃裡的毛毯、衣物也會發霉。

為了預防這種結露現象的影響，必須使用不受戶外溫度影響的隔熱建材，使牆壁本身不受冷熱侵襲。同時，冬天要將室內溫度提高，使牆壁的溫度接近於室溫。

在房間的角落、傢俱的背後、櫥櫃和會滯留空氣的地方，溫度很容易下降。因此，必須特別容易消除與外界的溫差。

其次是要留意換氣並降低濕度。最好把傢俱偏離壁面，在抽屜裡鋪一塊竹簾，想辦法讓空氣流通。

如果發霉而變成污漬，則先使其充分乾燥後，用砂紙擦拭，然後再塗上一層耐濕的樹脂油漆，這也是消除結露現象的方法之一。

42 清除排水管阻塞的特效藥

水管的排水若有阻塞，的確令人不快。為了避免變成排水不通的嚴重後果，應儘早修理。

最近市面上出現各種清潔水管的洗潔劑（粉末狀、液狀），如果手邊有這些清潔劑當然非常便利。

不過，一般說明書上都指定該洗清潔劑的使用對象。譬如，「本商品不可使用於金屬水管」等等。因此，必須注意使用說明書上的注意事項，根據指示使用洗潔劑。

這些藥劑之所以能夠有效地清除水管的阻塞，是因為其主要成分是一種鹼性蘇打的強鹼物質。

「鹼性」是指具有傷害動物皮膚等的作用、使其腐蝕作用的強烈效果。因此，使用鹼性蘇打水時，無論在什麼情況下都必須帶上橡皮手套，避免皮膚直接接觸。

如果排水管的阻塞情形並不太嚴重，可使用通水用的橡皮塞簡單地使其暢通。不過，使用後仍然排水不良時，可直接倒進鹼性蘇打水。

首先用熱水沖水管，使排水管內溫度提高，再倒進鹼性蘇打水，其間仍然要沖熱水。等到鹼性蘇打水完全流入水管內，才停止沖熱水，然後放置一會兒。

三十分鐘左右再沖熱水。這時，以往所阻塞的廢物已經溶解。排水管應當可以暢通。

43 灰泥的龜裂不可忽視

塗灰泥的外壁最令人擔心的是龜裂。若灰泥外壁產生龜裂時，從該處滲進雨水等會傷及壁面，連內部也會受損。

如果對細小的裂痕漠不關心，等裂痕慢慢擴大，恐怕會因此而裂開一部分。因此，若發現小裂痕也要儘早修理。

如果裂痕細小，可用灰泥專用的油灰或黏膠。若不嫌麻煩，最好弄些水泥填進裂縫的空隙較為堅固。

第六章　去除廚房用品的污垢

1 火腿有黏膩感時不必丟棄

「即使調皮搗蛋也希望他長得健壯」，這是一則火腿廣告的台詞。

姑且不論吃了火腿是否會變得健壯，不過，以保藏食物而言，幾乎沒有比火腿更為便利的了。它可說是任何家庭的冰箱中不可或缺的食品之一。

最近，超級市場中常可看見切成薄片包裝在鋁箔紙內的火腿，其實購買一整條不但保持期限較長，也較經濟划算。

火腿、香腸中包含有不少的水分，因此，空氣中的雜菌一附在表面上時，很容易變得黏膩。若用指頭碰觸感到黏膩但沒有臭味時，用清潔的布沾些醋擦拭，即可去除。也可利用開水燙過再用乾布去除其水氣。

另外，在脫脂棉沾些酒精擦拭其表面，即可預防腐臭。

2 醃醬菜的米糠變酸時

女兒出嫁時，做母親的會將平日精心醃製醬菜的米糠分一半給女兒，這是日本自古以來的習慣。不過，目前這種習慣似乎漸漸地消失了。

這種米糠絕對不可偷懶，必須每天攪拌一次，否則味道立即變差。

若懶得攪拌而變酸時，可在裡面放些蛋殼。蛋殼所含有的鈣質可中和米糠中的乳酸而去除酸味。

另外，加入一湯匙左右的重碳酸水，也具有中和酸味的效果。

為了讓米糠更美味可口，可攙雜柴魚片、昆布的剩餘切片或啤酒的殘汁等。

3 出外旅行時如何處理醃醬菜的米糠？

如果你對醃製食品很有興趣，因而自己在家中常常醃製食物。若碰到要出外旅行一段時間時，醃醬菜的米糠的處置就令人頭大了。

因為無法每天攪拌會發霉，還會囤積水分，旅途歸來可要忙得團團轉。

這時先添加一些新的米糠使其變硬，再把一塊清潔而乾燥的海棉塞在裡頭，即可吸取水分。

然後在表面上覆蓋宣紙即可預防發霉。

這時就可安心地出外旅行了。

4 使醬菜更美味可口的方法

愛吃醬菜卻懶得自己製作……。

因此，一般人多半從百貨公司或超級市場購買現成的醬菜。但是，市面上的醬菜一般都太鹹，往往不合個人的口味。

「在不應沾染的地方所留下的就是污垢」根據這個真理，在此太鹹的醬菜也是我們「去污」的對象。因此，碰到太鹹難以入口的醬菜千萬不要丟棄，試著動動腦筋使其變得美味可口。

首先把它放在水中仔細地搓揉，沖掉部分鹹味後，在清淨的水中滴一些米酒然後將醬菜浸泡其內，這樣就可去除鹹味。

然後切成細碎和切成細條的薑混在一起，就變成比市面上的醬菜更為美味可口的副食品了。

5 炸薯條可使油清淨

炸薯條可說是每個人都喜歡的食品，有不少人就喜歡拿著剛炸好的薯條吹著氣大快朵頤。

炸薯條可說是兒童的點心或啤酒的下酒菜中最好的食物。不但美味可口還具有多項功能。

因為它可清淨炸完魚、肉後混濁的油。

炸魚排或豬肉排後，油內總會留下油炸的渣和氣味。但是，接著再炸薯條時，油會突然變得清淨。請務必試試看。

但是，雖然炸薯條可瀝清油質，卻不可反覆使用。因為油反覆炸過數次後會酸化、疲憊，對人體不好。

到底什麼程度下就該更換炸油呢？

衡量的標準是以油泡為準則，低溫時即冒煙或表面的一半浮現出細小的泡沫時就應更換新油。舊油對身體無益，少用為妙。

6 如何去除再蒸過飯的氣味

電視廣告上的電子鍋常令人有「熱烘烘」、「剛炊好的飯香」的印象。但是，實際使用時並不見得像電視廣告中那樣好用。

的確，電子鍋可持續保持七十度C左右的溫熱，即使是傍晚煮熟的飯，也能讓晚歸的先生吃到一碗熱烘烘的飯。

但是，保溫時間過長時，米飯會泛黃甚至出現焦臭味。因此，在就寢前必須切調電源。結果電子鍋裡當然只殘存著冷飯。

冷飯再炊過一次後，常會發出一股獨特的氣味。不過，只要下點工夫仍然可以使它變得美味可口。

將剩飯放在電子鍋裡重新溫熱時，灑一些鹽水再按上煮飯的開關，然後再關掉開關轉換為保溫的狀態，如此一來即可去除獨特的臭味。炊過的飯也仍然是美味可口。

若是用舊式的電鍋炊飯時，可在外圍的水中加些鹽巴。

7 預防年糕發霉的方法

提到年糕就令人想起發霉。古時候一般認為年糕上的霉菌是沒有毒的。但是，最近卻有人指其具有致癌物質。

霉菌可因保存的方式而充分的預防。因此，與其因發霉而割除，不如想辦法讓年糕不要發霉。

若要長期保存，可包在保鮮膜內冷凍或藏放在米缸裡。包裹在濕布裡再裝進塑膠袋，然後放進冷藏庫也可保存一段時間。

8 牛奶可去除雞肉的腥臭

絕不進食雞肉的人其理由是，雞肉具有其獨特的腥味。

但是，若能適當地處理，雞肉的腥味即可完全去除，各位不妨試試看。

若是做中國料理先浸泡在醬油及酒、醬油及薑、醬油及蔥、醬油及刺膠等液體中再做料理。

若是西洋料理，則將其浸泡在牛奶中。另外，洋酒裡加些切碎的洋蔥再浸泡雞肉，也可去其腥臭。

除此之外，適當地使用辣椒及檸檬、養樂多等也是去除雞肉特有氣味的方法。而千萬不可忘記的是蒜頭，蒜頭幾乎可說是雞肉料理中不可或缺的佐料。

除了雞肉以外，因特有的氣味而為人嫌棄的是豬肝。

去除豬肝特有氣味的最有效方法，是將其浸泡在牛奶中，不但效果好而且方法簡單。

9 在凝固的起司裡添加威士忌

自從市面上出現入口即溶的起司或切片的起司後，老式盒裝的起司似乎不再受人青睞了。

切成薄片包在保鮮膜內的片狀起司，不但方便使用而且也不用擔心變硬。而即溶的起司具有豪華的感覺，可趁熱進食。因此，塊狀起司漸漸乏人問津了。

但是，真正喜好起司的人，似乎都喜歡塊狀的起司。能夠讓人享受咀嚼樂趣的當然是非塊狀起司莫屬。

不過，塊狀起司的缺點是缺口會立即變硬。這時在變硬的表面上滴一些威士忌再放進塑膠容器裡密封。不久即會變軟，而且比原來的還好吃。

10 請留意電子微波爐的殺菌效果

一盒未吃完的蜂蜜蛋糕，不經意地隨意擺放時，一旦想拿來吃才發現已長滿了霉菌，真是暴殄天物。

碰到這種狀況，電子微波爐倒可幫上忙喔！

電子微波爐具有解凍食品、料理再加熱等便利性，但是，其所具有殺菌效果卻往往被人忽略。其實，要在短時間內做到殺菌，使用電子微波爐是最便捷的了。

蜂蜜蛋糕吃剩後可放在電子微波爐內殺菌，殺菌後的蛋糕，比原來的保存期限更長。便當的菜餚，若在電子微波爐內殺菌後再裝填也不易腐臭。

11 去除即溶咖啡的特殊氣味

早上的一杯咖啡，可去除全身的睡蟲。

大概有不少人是因為倒進杯子裡的咖啡，所散發出來的香味才睜開睡眼、腦筋開始發揮作用。

最好是能細細地品嚐咖啡的美味，慢慢地喚醒睡神的眼睛……，然而在繁忙的早晨這似乎辦不到。既然沒時間，只好用即溶咖啡解決早晨的飲食問題。

目前市面上有各種即溶咖啡，其中也不乏正統風味的咖啡。不過，一般的即溶咖啡都具有獨特的氣味。有些人就是因為不喜歡這股獨特的味道，因此對咖啡敬而遠之，其實只要以熱牛奶取代開水沖泡，就可解決這個問題了。

至於喜歡喝純咖啡的人，可切一片檸檬放在咖啡內。保證可以去除即溶咖啡的獨特氣味，並且使它更為美味可口。

⑫ 誤飲洗潔劑時的緊急措施

剛學走路的小孩，似乎拿到東西不塞進嘴裡就不甘休。所有看見的東西、觸摸的東西，都先塞到嘴巴一探究竟。其實只要不是毒物，用自己的嘴巴舔嚐，也許就是最正確的食物確認法。

孩子們就是在這種摸索中慢慢地辨別出可放入口中進食或不可吃的差別。最好的證據是，當小孩一旦嚐到苦頭，絕對不會再度把該東西放入嘴巴。

但是，這看在母親眼裡卻是心驚膽跳。因為，稍不注意可能連廚房裡的洗潔劑也拿來吃。

應急的措施是首先令其嘔吐。用兩根指頭毫不猶豫地插進小孩的喉嚨，使其做嘔而吐出胃裡的食物。

然後，盡量讓小孩喝水或牛奶，以稀釋在胃內的洗潔劑的濃度。另外也可以吃生蛋，利用蛋吸取洗潔劑。然後再帶去看醫生。

13 生吃的青菜用沖水的方式洗淨

生青菜可洗淨血液。

污濁的血液容易在血管內造成污垢或產生血管阻塞現象。光吃肉類、魚類或蛋糕類時血液會混濁，因此，同時進食生青菜可以預防血管硬化。

吃生青菜時最令人在意的是，菜的清洗到底是要用洗潔劑或只用清水即可？

以高麗菜為例，根據除菌率的調查，利用廚房洗潔劑清洗時是百分之九十二，水洗時百分之八十三，用食鹽水清洗時百分之六十三。

換言之，用清水反而比食鹽水洗的乾淨。而且和清洗青菜的洗潔劑比較下，並無多大的差別。

利用清潔劑洗菜時，絕對不可把菜浸泡在溶液內五分鐘以上。

同時，用清潔劑洗淨後必須沖水三十秒以上，從各種條件看來，與其在清潔劑中浸泡，不如打開水龍頭持續地清洗青菜，既簡便又令人安心。

生吃的蘋果或番茄，由於有農藥殘留的顧慮，最好在滲有少量洗潔劑的溶液中快速地擦拭一遍後，再用水沖淨後才食用。

14 色素可用醋及白毛線檢查

到了想喝冰涼飲料的季節時，一般人大多會大口大口的豪飲甜果汁或可樂。

但是，市面上販售的飲料、醬菜、糕點等多半都有使用色素，因此，如果外觀上顯得特別亮麗的食品最好不要購買。

食品上的顏色如果覺得不自然時，有一個在家庭可以輕易測試的方法，不妨自己實驗看看。

準備的東西，是所要調查的食品及茶杯、醋、白毛線而已，毛線必須先洗淨去除油質。

首先把食品放進杯裡，加點醋使其成酸性，然後放進白毛線三十分鐘到一個鐘頭後，再澆上開水。

若是添加色素的食物，白色毛線就會沾上顏色。

抵抗力較弱的小孩或孕婦，最好不要進食過量使用色素的食品。

15 不弄髒雙手也能調理絞肉料理的秘訣

漢堡是兒童最喜愛的食品之一。

但是，「吃的人」覺得美味可口，「做的人」卻雙手沾滿肉渣而難以清除。

搓揉漢堡或肉丸子的餡，攪拌水餃餡時，都會弄得雙手油油膩膩。

而往往在這個時候，不是電話鈴響就是孩子放學回家了。

其實，只要在手上戴著塑膠袋或手套，再來製作這些餡就不會弄髒雙手。

在塑膠手套的表面滴少量的沙拉油，就可方便製作漢堡的形狀或搓揉肉丸子。

16 沾麵粉時要利用塑膠袋

炸豆腐或炸生蚵時，沾麵粉的過程中常會把流理台弄得亂七八糟。若是有雞骨的雞肉，要把肉塊全部鋪上麵粉可不容易。

碰到這種狀況，最簡便的解決之道是利用塑膠袋。

在塑膠袋裡放入適量的麵粉，再將雞肉或蚵粒放進袋內，用單手握住袋口，另一手拖住袋底，來回上下仔細地晃動即可。

既不會弄髒手也不會把流理台搞得亂七八糟，還可以讓麵粉黏在所要油炸的食品上，而且，使用完畢時只要把袋子往垃圾桶一扔就萬事ＯＫ。根本不必花費事後整理的時間。

但是，假如一次放太多的食品，恐怕會使塑膠袋破裂或使麵粉變糊，因此，必須控制好份量，分成幾次來做，若是雞丁，大概放五到六個，蚵粒則放十個左右較恰當。

不過，麵包粉不可應用這個方法。

17 用保鮮膜包住羊羹後再切塊

想用菜刀將羊羹、起司、奶油等切的整齊可不簡單。因為每切完一片，必須用乾淨的毛巾擦拭菜刀，菜刀又會與羊羹黏在一起，切一條羊羹所花的時間比想像的還多。

但是，如果有廚房用的保鮮膜，問題就可輕易地解決了。把保鮮膜放在所要切的食品上，再從上頭用菜刀切割即可，這時，必須由正上方垂直切割，否則會劃破保鮮膜。

用這個方法切起來的東西乾淨俐落，菜刀也不沾不膩。

古時候，老祖母在切羊羹或大塊饅頭時，會拿一條木棉線綁在羊羹上，用力一拉就順利地分成兩半。一點也不會弄髒砧板、菜刀。這雖然是古人的智慧，卻是相當前進的秘訣吧。

不過，更重要的是在這個時刻，孩子們的心正在揣測著「祖母到底要幹什麼？」的心態更令人懷念。

18 去除魚腥味的方法

烹飪魚料理時的魚腥味，若殘存在房子裡可不好。用完餐，喝著茶看電視時，若還殘存著魚料理的味道，會攪亂原本想要鬆弛一番的情緒。

首先，為了預防料理前生魚特有的腥臭，必須迅速地用水沖淨魚身上的污穢。魚身上的污穢若接觸到空氣會立即產生刺鼻的臭味。

在準備料理的階段，可在滾燙的湯裡迅速地將魚燙過再用冷水冷卻，或者迅速煎一次再煮，即可多少去除魚腥味。

料理時添加薑片或蒜頭、山椒、紫蘇等藥味，以去除腥臭是傳統的方法。料理顏色較黑的魚或脂肪較多的魚時，可利用這個方法。

魚腥味在煮的過程中會蒸發，因此，絕對不可蓋上鍋蓋。若擔心魚身變形時，則可將鍋蓋留空使蒸氣從空隙散出。

最後是善後處理，裝魚的餐盤會沾上油脂，如果和其它的碗盤一起洗，會造成再次污染。所以，首先應用面紙擦拭餐盤表面上的油氣。當然，平底鍋或鍋子也是使用同樣的方法。

19 使銀製器永遠保持光亮的方法

喜好以宴會的方式連絡感情的歐美國家，在招待客人的前一天下午，主婦會斟酌該使用什麼樣的食器。

宴會中所使用的食器多半是祖傳的高級食器。其中最具代表的是銀製食器，收藏在古老皮革箱內的銀刀叉等，在宴客前會拿出來重新擦拭的晶瑩光鮮。

因為，銀製食器在使用之前若不擦拭會變黑。

市面上也有出售用浸泡的方式，即可去除銀製品污垢的專用洗潔液。不過，沾些牙膏或重碳酸水，用法蘭絨布擦拭也可以。擦拭完畢後用溫水去除洗潔劑，再用乾布擦去水氣。

用完時必須用軟質布塊一一包住每個食器，以避免受損。

總而言之，要使用銀製食器必須在保養上有十足的覺悟。

20 去除漆器臭氣的傳統智慧

塗有亮漆的新碗盤，會散發出獨特的臭氣。這個臭氣是漆油酵素所產生的，不過這種酵素卻具有遇濕會變硬、臭氣消失的特性。

因此，自古以來去除漆器臭氣的方法是，將漆器埋在米或米糠中，然後用稀釋的醋擦拭。

清洗時不可和其它磁器擺在一起，在溫水中用洗潔劑及抹布擦拭去除水氣，再用乾淨的抹布擦拭乾淨。最後用柔軟的布或紙張包住，收藏在可去除強烈濕氣或乾燥的桐木箱裡，即可持續使用。

問題是對漆器的臭氣傳染的米桶內的米。

不過，有關這一點專家認為一點也不構成問題。因為炊飯之前必須洗米，沾在米粒上的漆臭自然會被洗淨。

很多年紀大些的人或許在兒童時代有過這種親身體驗：當時大家都知道木炭可吸取惡臭，而在倉庫裡擺放著堆炭袋，結果家裏養的貓卻跑到上頭尿尿。當在火爐中燃燒這些木炭時，那股尿騷味隨即和煙霧一起散發出來。這可是令人哭笑不得的經驗。

21 平底鍋可使用二十年

根據某項問卷調查，據說祖父們最喜歡在平底鍋動手料理的食物是小麥酥餅。在法國的年末節慶裡，每個人左手握著金幣，右手拿著平底鍋燒烤燕麥酥餅。據說搖晃著平底鍋若能順利地將燕麥酥餅反轉過來，這一年全家人的幸福即可獲得保障，在金錢上不虞匱乏。何妨試試看？

不過，第一次刷洗平底鍋時必須特別小心。因為這種可長期使用的器具，剛開始若有失敗，使用壽命會受到極大的影響。

首先必須塗上防銹的臘，平底鍋先用強火烤熱至冒煙，澆上水用沾有去污液或鹽巴的刷子刷除首先塗上的臘。接著用沾有油的布塊塗上油，在烈火上加熱直到油燒焦為止，冒煙後離開火再擦除油漬。如此反覆數次使其變黑。

平底鍋可用來炒、炸食物，但必須等到平底鍋呈現黑光才可做蛋的料理。

平底鍋若能小心使用，可保存二十幾年。您能保存幾年？

22 如何清理平底鍋上的焦疤

據說人若吃了美味可口的食物態度會妥協，所以，夫妻如果吵架了，最好做一份豐盛的料理，兩人大快朵頤即可重修舊好。

不過，如果匆匆忙忙地做料理，而在平底鍋上留下焦疤時也不用擔心。首先將平底鍋放在火上烤，加上粗鹽用木片刷除燒焦的部分。等鹽巴變黑時，再去除鹽巴用乾布仔細擦拭，接著塗上一層薄油，這樣就可消除焦巴。

平常的保養是使用完後立即趁熱用去污液及海棉水洗。若有燒焦而無法清除的部分，放些洗潔液煮開之後再洗。然後再放在火上烤乾，最後擦上一點油。

23 清理鍋子的焦疤焦急不得

燉一鍋美食必須耐心等候，並隨時留意火苗的強弱。然而往往一疏忽，講電話裡聊過頭，一鍋美味可口的燉鍋就燒焦了。

若鍋底燒焦，必須將鍋內的食物移到其它鍋裡，用水沖仍然火熱的鍋子使其冷卻。蓋上鍋蓋等待鍋子冷卻後，再用清潔劑及刷子刷洗，即可刷除焦疤。

另外，趁鍋子還熱時在燒焦的地方澆上一些醋，放置一會兒後再用刷子刷洗。但是，酸會使鍋子酸化而變得脆弱。因此必須儘早將醋洗淨。

如果如此還無法去除焦疤，在去污液裡沾一些酒精。酒精具有去除焦疤氣味的效果。因此，當奶油料理或咖哩等食物的氣味殘存在鍋底時，也可用酒精除味。

用上述的方法仍然無法清除的頑固焦疤，在鍋子使用數次之後自然會脫落。千萬不要用刀片刻意刷除，這只會使鍋子受損。

24 用加醋的鹽水去除水壺內的水垢

從刮著寒冷的北風的戶外回到家時，看到暖和的火爐上正冒著蒸氣的水壺，會令人覺得一陣溫暖。

水壺這個舊式的家電用品，無形中會令人撩起一股莫名的鄉愁。電燈泡下有點斑駁的鋁製水壺、小學教室外走廊上放置的那個凹凸不平的大水壺、火爐上的小水壺、新婚家裡擺在瓦斯台上的那個紅色琺瑯水壺等，它彷彿生活上的活道具一樣，有著各個時代的身影。

不過，水壺裡卻會產生代表其年齡的水垢。雖然水壺只是裝填水，但是，每天一點一滴地累積後就變成無法輕易擦除的水垢。

這時可用檸檬汁擦拭、也可在較濃的鹽水裡加點醋，倒進水壺內浸泡一個晚上再擦除，即可除去水垢。

另外，若有酒石酸可放一把在裝有水的水壺內，使其沸騰，自然冷卻後再用刷子刷洗即可刷洗乾淨。

水壺底若一直沾著水垢，也怪可憐的。請替這個勞苦功高的老用具去除身上的污垢吧。

㉕ 用日曬法去除琺瑯鍋的焦疤

料理需要花長時間慢慢燉煮時，最便利的是使用琺瑯鍋。琺瑯鍋看起來美觀大方，又有各式各樣的款式，光是擺在餐桌上就像一種裝飾品。

不但耐熱若能細心使用，幾乎可以永久使用。不過，其缺點是表面的琺瑯不耐撞擊。

碰撞後琺瑯質剝落而產生金屬的銹垢，就無法復元了。因此，在使用時必須慎重小心。

若琺瑯鍋沾有焦疤時，不要用刷子等刷洗，可先在鍋裡放些溫水，溫水裡加一小匙的重碳酸水放一會兒後，再用海棉擦拭。如果還無法去除污垢，拿到戶外日曬二、三天，讓焦疤完全乾燥即容易剝落。這時輕輕一擦即可去除。

26 新買的土鍋先用米湯煮過後再使用

土鍋在掀開鍋蓋的瞬間，最好讓本來密封在鍋裡的水蒸氣一起散發開來，鍋面上所出現的是烹調美味可口的黑輪等。土鍋是冬天餐桌上不可缺少的鍋子。

清洗土鍋時最好先放些米湯或加入麵粉的水煮過一會兒，熄火之後等它自然冷卻再用海棉清洗。如此一來，土鍋的細縫裡就塞滿了細小的粉粒可預防漏水。這也可以應用在出現細微裂痕時。

另外，茶道所使用的茶碗，剛開始使用時，也是以同樣的方法煮沸一次。熄火之後使其自然冷卻。

土鍋若有焦疤，在土鍋的水中加上洗潔劑煮沸，冷卻之後再用木片等去除即可。

27 銅質的鍋子要用專用的去污液

提到瑞士就令人想起乳酪，而提及乳酪就令人在腦中浮起銅鍋的影子。

據說在瑞士由母傳子、子傳孫，代代繼承先祖留下的銅鍋，小心保護視若至寶。

銅鍋傳熱極快，使用習慣之後會令人愛不釋手。不過，其缺點是價格昂貴、保養又麻煩，在我國因此而被敬而遠之。但是，赤銅所散發出的厚重光澤是極為引人注目的餐桌擺設。

銅鍋使用後必須立即清洗，這是使用銅鍋的基本要領。因為酸化作用會使表面變色。若在銅鍋裡殘存食物會產生銅銹。銅銹對身體有害，因此，殘存的食物必須放在別的容器上。

若要去除銅銹，可在砂布上沾些添加鹽巴的醋，用力地擦拭，用清水洗淨後再使用洗潔劑。

用洗潔劑擦拭後，再用水清洗一遍，然後用海棉上沾些銅專用的清潔劑磨擦，最後將水氣完全地去除。

28 利用烤箱的餘熱迅速掃除

親手製作糕點的目的，是為了想讓心愛的人品嚐。無論對象是朋友或自己的孩子，只為了對方能開口說一聲「真好吃」，即使因此弄得滿身油污、灰頭土臉也無所謂。

而製作過程的最高潮，是從烤箱中取出烤成的點心的霎那。在此之前的辛勞是否得到回報或付諸流水，全取決於這個瞬間。

據烹飪師所言，點心的製作只要依規定的分量、方法去做，任何人一定都辦得到。但是，事實上卻有不少人慘遭失敗的苦果。

為了使期待成真，必須注意烤箱裡不要殘存污垢。

烤箱最髒的部分是天板。在住宅用的強力洗潔劑溶液中浸泡一晚後，再用沾上烤箱去污液的布塊擦除即可去除，角落部分用竹塊捲著布塊擦除。烤箱內部要用布塊沾取住宅用的強力洗潔劑擦拭，若已沾上難以去除的污垢，則用拌有去污液的水塗抹其上，再用鐵刷擦除。

請注意，儘量在烤箱還溫熱處置較容易清理。

對如此費心製作而成的點心，即使外形有點扭曲或膨脹不完美，也該說聲「真好吃」，這才是所謂的人情義理。

29 電子微波爐用餐盤洗潔劑保養

電子微波爐的污垢可分外側、門或按鈕等操作部及內側（轉盤及內壁）來處理。

每次使用時用濕抹布或軟質布塊擦拭外側的部分，即可保持清潔。一般人往往放置不管而沾上污垢、手垢，這時則用布塊沾些清洗食器的洗潔劑擦拭即可。

電子微波爐外側的清潔，本來用住宅用、傢俱用或玻璃專用洗潔劑都可以，但是，其中多半是噴霧式之類的溶劑。用這些噴霧式的溶劑噴灑，會使洗潔劑飛濺四處而污染到其它的食器……。

至於內側的轉盤或內壁往往會沾上調味料或食物污垢，因此，必須用濕毛巾仔細擦拭。嚴重的污垢在抹布上沾些食器用的洗潔劑擦拭，然後用另一塊布再擦拭一遍，避免殘存洗潔劑。

另外，市面上也有出售電子微波爐專用的「去污紙」（面紙類），使用起來非常方便。不過，清理電子微波爐時絕對不可使用牙膏、金屬刷、石油精或松香油，因為會使內外塗料變色、受損。總之，清理時必須注意閱讀使用說明書。

30 瓦斯爐必須趁熱清理

「擦拭得光可鑑人」，瓦斯爐或流理台周圍牆壁上常張貼著不鏽鋼，若不每天擦拭，大概無法保持光可鑑人的潔淨。

而且，若用去污液或金屬磨擦劑用力刷洗，其表面的保護膜也會和油污一併去除，結果弄得越刷越容易沾染污垢。

這可是相當棘手的。

因此，最有效的清潔法是趁瓦斯爐還在使用火時，用乾布擦拭瓦斯台。燉東西時由於水蒸氣使污垢無法附著，不但容易清除，連炸東西時所濺灑出來的油漬，趁熱擦拭也可輕易地去除。同時，還會增加光澤。

碰到除非用去污液刷洗才能清除的污垢時，為了避免瓦斯台受損，最好利用蘿蔔或紅蘿蔔的切片沾些去污劑，劃圓式地塗抹在整個台面上。

到台面。

等去污劑乾燥，再用乾布用力擦拭，即可將瓦斯台擦的晶亮，而且也不會傷害到台面。

先用烤箱去污劑或家庭用的強力洗潔劑塗抹後隔一會兒，再用醋水擦拭即可輕易地去除污垢。瓦斯台下的墊盤用去污劑擦拭，若無法清除時則用廚房用洗潔劑溶劑濕潤一個晚上，再做清理。

31 麻煩的換氣扇也可輕鬆地清理乾淨

換氣扇最好每月清理一次。

但是，雖然每個月僅只一次，仍然令人感到極為麻煩。

因此，目前市面上已經有便利的噴霧式強力家庭用洗潔劑，平常並不需要拆卸下來，只要噴灑這些洗潔劑，再擦拭乾淨就足夠了。至於手無法伸進去的部分則用竹筷捲上布條擦拭。

將洗潔劑也一併擦拭後，用布塊沾濕軟性保養劑，再擦拭一遍，就可減少污垢的沉積。

半年一次左右拆卸下來將細部也清洗乾淨。這時，把一些小零件，例如螺絲等聚集擺在報紙上避免掉落。同時，千萬別忘了安裝時的順序。

㉜ 預防菜刀生銹的秘訣

菜刀可說是廚師的生命。料理的好壞其實和菜刀的鋒利與否有極大的關係。所以，若要烹飪一手好菜，首先必須從菜刀的保養做起。

菜刀用完後用洗潔劑或溫水清洗乾淨，泡在熱水後再收藏起來就不會生銹。

另外，若將菜刀直立擺放，刀柄上所殘存的水氣會掉在刀面而引起生銹，最好包在木棉質料的抹布內收藏。

當刀口變得遲鈍時，可用砥石磨利。若身邊沒有砥石，可用碗底、盤底、砂紙或磚塊等代用。

另外，請不要忘記泥土本身也可以當做研磨粉，在砧板上灑些泥土用水弄濕，即可當做砥石磨刀。

㉝ 輕易地去除熱水瓶裡浮游的頑固水垢

保溫性能極佳，正暗自竊喜這次所買的熱水瓶太棒了，卻發覺熱水中竟然浮游著閃閃發亮的東西而嚇一大跳。

不管用水沖洗幾遍，這種閃閃發亮的水垢，就是難以去除。這種閃閃發亮的東西，是水中的各種成分彼此反應而在玻璃瓶的內壁形成薄膜，在溫水中剝落下來的東西。其特徵是在七五度C以上鹼性的開水中容易發生。

若要去除這個水垢，可在熱水瓶中加水並放入半杯左右的醋，浸泡一、二個鐘頭後，再用清洗熱水瓶專用的刷子刷洗乾淨。

但是，清洗一次之後還會產生，這時就減少醋的分量反覆清洗數次即可脫落。

34 去除熱水瓶氣味的秘訣

最好不要在熱水瓶內裝牛奶或咖啡。

因為長久放這些液體時，不但本身的味道、顏色會變差，還會在熱水瓶內側留下難以清除的殘渣及氣味。

若外出兜風或郊遊，在熱水瓶內裝咖啡時，回家後將煮剩的麥茶殘渣放進熱水瓶內，並加入適當的水反覆晃動。不久，附著在熱水瓶內的污垢及氣味就消逝無蹤了。

若沒有麥茶的殘渣時，可放些紅豆渣或蛋殼並加入少許洗潔劑依同樣的方式甩動熱水瓶，即可清洗乾淨，這個方法也可有效地去除水垢。

35 防止冰箱受損面積擴大的應急措施

白色冰箱的外門若泛黃，會令人覺得冰箱裡面的東西也骯髒，這可是極大的損失。即使是老舊的冰箱，也應該將外表保持潔淨。

將洗滌用的漂白劑及廚房用的中性洗潔劑一起混合後，用布沾濕著擦拭。然後用水洗淨洗潔劑，再乾擦一遍，保證冰箱一定煥然一新。

另外，冰箱外表若有小割痕等損傷時，塗上白色指甲油可避免割痕擴大。

當冰箱生銹時，用針頭除去銹垢，將受損的部分弄乾淨後再塗上指甲油，油乾後再塗抹一次。反覆數次即可填補凹痕。

如果受損面積過大時，則用釉或漆取代指甲油。

36 食器架的角落要預防蟑螂

打開舊式的食器櫃時，會有一股難以言喻的特殊味道。有時也應該下定決心將食器櫃內的食器全部取出，用洗潔劑擦拭各個角落。先用熱水清洗一遍，再用毛筆沾些洗潔劑塗在食器櫃的角落，即可預防蟑螂。等待乾燥之後，鋪上一層新的墊紙再擺放食器。

食器多半是重疊地擺放，往往只使用擺在上頭的食器。因此，骯髒的程度也有差別，應該上下食器輪流使用。

另外，擺放調味料或番茄醬的位置，在瓶底下常會出現污垢。若能在瓶子的中腰捲上一條毛巾，不但瓶子、食器架可保持乾淨，也不會把手弄髒。

37 烤箱的必需品是什麼

最近有越來越多的人送烤箱做賀禮，也許是烤箱顏色多、樣式齊全又可當成贈禮的價格核算吧。而且烤箱的確可以烘烤較厚的土司或起士土司、熱狗等，所以，比一般的插放式烤麵包機方便。

但是，在另一方面它卻有容易沾上香腸、起司等的油漬，油污較為嚴重也難以清除的缺點。

烤箱不可水洗，只能用去污液擦拭。細微處則用毛筆清理較為便利。

另外，在烤箱底下墊一張鋁箔紙，即使沾上麵包屑或油漬也可隨時更換。

38 保持砧板清潔的方法

最好準備魚、肉專用及蔬菜專用的砧板各一塊分別使用。不過，一般的家庭都以一塊砧板準備所有的料理。

因為狹窄的廚房裡擺放二、三張砧板非常礙手礙腳，而且只要有一塊好砧板，就可以應付所有的料理了。

為了避免砧板變黑、滑溜，最好養成使用前水洗、使用後用去污劑洗淨後，再用開水消毒的習慣。不論是木質或塑膠的砧板都一樣。

在晴朗的天氣拿到戶外做日光消毒。不過，若過於乾燥會出現裂痕。因此，日光消毒以三、四個鐘頭最恰當。

若要處理具有濃烈氣味的東西或油漬物時，以餅乾盒的盒子取代砧板，也可說是一種智慧。

39 使用塑膠容器的秘訣

塑膠的密閉容器非常便利，只要蓋緊蓋子既不會跑出湯汁，也不會滲出氣味。因此，有許多人都將它當成便當盒或保存殘餘食品使用。

不過，另一方面它卻具有容易受損、蓋子內溝沾染污塵不易處理、出現怪味道等缺點。

使用塑膠容器的要訣是，勤於漂白。

浸泡在廚房用的漂白劑裡，不但可以漂白更可消毒，容器內的怪味一掃而光。另外，將報紙揉成一團塞入塑膠容器內，密閉後放入冰箱內一個晚上，也可去除氣味。這是因為報紙上的油墨可吸取氣味的關係。

40 使湯匙亮晶晶的方法

到朋友家做客，對方端來的紅茶托盤旁邊的湯匙若有污垢，恐怕令人有倒胃口的感覺。為了讓客人不要留下不良的印象，有空時應該將刀叉、湯匙等擦拭乾淨後收藏起來。

和銀製品一樣，用重碳酸水或牙膏磨擦便可發亮。當然，也可以使用市面上所出售的玻璃去污劑。

在柔軟布塊或紗布上噴灑一些玻璃去污劑的溶液後，再擦拭乾了之後再磨擦湯匙、刀叉，不但可去除污垢也可使匙叉變得亮晶晶。

41 用醋可使高腳杯晶瑩剔透

據說，高腳杯在杯唇的部分越薄越高級。

用晶瑩剔透幾乎可以割裂唇膚的高腳杯喝酒，即使斟酌是國產的威士忌，喝起來則彷彿是白蘭地一般，這就是高腳杯的神奇。

但是，清洗高腳杯總令人戰戰兢兢，既不可和其它器皿一起洗，也不可過分用力。洗潔劑可用玻璃類、茶杯專用的中性洗潔劑，也可用一般的中性洗潔劑。

不過，高腳杯上凹凸的雕痕所沾染的污垢，必須用豬毛的牙刷或刮鬍子專用的刷子刷除。若無法清除時，沾些醋擦拭即可奏效。醋也有增加光澤的作用。

高腳杯上若貼有商標時，浸泡在溫水一會兒後即可脫落。若無法去除時，則用指甲用的去光液擦拭，多半可以擦拭掉。還不行的話，則用去光液冷敷一個晚上再處理。

洗淨後的高腳杯，要放在抹布或布上使其自然乾燥。這時千萬不可磨擦，否則杯口會沾上布塊的毛絮而顯得骯髒。

42 善用廚房用漂白劑的家庭都愛乾淨

流理台角落所擺放的塑膠製的三角垃圾籃，因為是存放骯髒的垃圾，若不清理乾淨會令人感到嘔心。

一個星期一次左右在塑膠桶裡裝些含有廚房漂白劑的水，再將三角垃圾籃浸泡其中一個晚上，就可去除小垃圾籃上的所有污垢。

另外，碗盤籃、濾網器、抹布、擦布、水壺、咖啡碗杯等每天使用的用品，應該至少一個禮拜一次，用廚房用漂白劑漂白、殺菌。

廚房用漂白劑可有效地漂白並消毒，非常便利。

43 在塑膠桶底部塞一些報紙

一般而言，住家的門口保持的較為乾淨，但是後院、巷尾處卻常擺放空瓶、空罐，若不整理不但髒還會發出氣味。

甚至有些垃圾桶已沾滿了污垢，也不蓋上蓋子，任由蒼蠅亂飛。

在看得見的地方會打掃的一塵不染，但屋子裡卻會毫不在意地讓它變成藏污納垢的地方。

塑膠桶既是存放垃圾的容器，更應該隨時保持清潔。塑膠桶蓋若已破裂，應用膠帶等黏好，隨時蓋緊以避免貓、狗任意掀開招來蒼蠅、蚊蟲。

若在蓋子的裡側貼上除臭劑，即可避免密封後所會發生的怪味。

垃圾桶的底部儘量塞些報紙，除了可吸取流質垃圾的污液外，洗滌時也較為輕鬆。垃圾桶的內外可用家庭用的洗潔劑清洗擦拭。

垃圾桶乾淨與否可說是家庭環境衛生的指標。為了避免垃圾桶的污垢而出醜，請注意保持清潔。

大展出版社有限公司
品 冠 文 化 出 版 社

圖書目錄

地址：台北市北投區（石牌）
致遠一路二段 12 巷 1 號
郵撥：01669551＜大展＞
19346241＜品冠＞

電話：(02) 28236031
28236033
28233123
傳真：(02) 28272069

·熱 門 新 知·品冠編號 67

1.	圖解基因與 DNA		中原英臣主編	230 元
2.	圖解人體的神奇	（精）	米山公啟主編	230 元
3.	圖解腦與心的構造	（精）	永田和哉主編	230 元
4.	圖解科學的神奇	（精）	鳥海光弘主編	230 元
5.	圖解數學的神奇	（精）	柳 谷 晃著	250 元
6.	圖解基因操作	（精）	海老原充主編	230 元
7.	圖解後基因組	（精）	才園哲人著	230 元
8.	圖解再生醫療的構造與未來		才園哲人著	230 元
9.	圖解保護身體的免疫構造		才園哲人著	230 元
10.	90 分鐘了解尖端技術的結構		志村幸雄著	280 元
11.	人體解剖學歌訣		張元生主編	200 元

·名 人 選 輯·品冠編號 671

1.	佛洛伊德	傅陽主編	200 元
2.	莎士比亞	傅陽主編	200 元
3.	蘇格拉底	傅陽主編	200 元
4.	盧梭	傅陽主編	200 元
5.	歌德	傅陽主編	200 元
6.	培根	傅陽主編	200 元
7.	但丁	傅陽主編	200 元
8.	西蒙波娃	傅陽主編	200 元

·圍 棋 輕 鬆 學·品冠編號 68

1.	圍棋六日通	李曉佳編著	160 元
2.	布局的對策	吳玉林等編著	250 元
3.	定石的運用	吳玉林等編著	280 元
4.	死活的要點	吳玉林等編著	250 元
5.	中盤的妙手	吳玉林等編著	300 元
6.	收官的技巧	吳玉林等編著	250 元
7.	中國名手名局賞析	沙舟編著	300 元
8.	日韓名手名局賞析	沙舟編著	330 元

·象棋輕鬆學·品冠編號 69

1. 象棋開局精要　方長勤審校　280 元
2. 象棋中局薈萃　言穆江著　280 元
3. 象棋殘局精粹　黃大昌著　280 元
4. 象棋精巧短局　石鏞、石煉編著　280 元

·生活廣場·品冠編號 61

1. 366 天誕生星　李芳黛譯　280 元
2. 366 天誕生花與誕生石　李芳黛譯　280 元
3. 科學命相　淺野八郎著　220 元
4. 已知的他界科學　陳蒼杰譯　220 元
5. 開拓未來的他界科學　陳蒼杰譯　220 元
6. 世紀末變態心理犯罪檔案　沈永嘉譯　240 元
7. 366 天開運年鑑　林廷宇編著　230 元
8. 色彩學與你　野村順一著　230 元
9. 科學手相　淺野八郎著　230 元
10. 你也能成為戀愛高手　柯富陽編著　220 元
12. 動物測驗—人性現形　淺野八郎著　200 元
13. 愛情、幸福完全自測　淺野八郎著　200 元
14. 輕鬆攻佔女性　趙奕世編著　230 元
15. 解讀命運密碼　郭宗德著　200 元
16. 由客家了解亞洲　高木桂藏著　220 元

·血型系列·品冠編號 611

1. A 血型與十二生肖　萬年青主編　180 元
2. B 血型與十二生肖　萬年青主編　180 元
3. 0 血型與十二生肖　萬年青主編　180 元
4. AB 血型與十二生肖　萬年青主編　180 元
5. 血型與十二星座　許淑瑛編著　230 元

·女醫師系列·品冠編號 62

1. 子宮內膜症　國府田清子著　200 元
2. 子宮肌瘤　黑島淳子著　200 元
3. 上班女性的壓力症候群　池下育子著　200 元
4. 漏尿、尿失禁　中田真木著　200 元
5. 高齡生產　大鷹美子著　200 元
6. 子宮癌　上坊敏子著　200 元
7. 避孕　早乙女智子著　200 元
8. 不孕症　中村春根著　200 元
9. 生理痛與生理不順　堀口雅子著　200 元

10. 更年期　野末悅子著　200 元

・傳統民俗療法・品冠編號 63

1. 神奇刀療法　潘文雄著　200 元
2. 神奇拍打療法　安在峰著　200 元
3. 神奇拔罐療法　安在峰著　200 元
4. 神奇艾灸療法　安在峰著　200 元
5. 神奇貼敷療法　安在峰著　200 元
6. 神奇薰洗療法　安在峰著　200 元
7. 神奇耳穴療法　安在峰著　200 元
8. 神奇指針療法　安在峰著　200 元
9. 神奇藥酒療法　安在峰著　200 元
10. 神奇藥茶療法　安在峰著　200 元
11. 神奇推拿療法　張貴荷著　200 元
12. 神奇止痛療法　漆 浩 著　200 元
13. 神奇天然藥食物療法　李琳編著　200 元
14. 神奇新穴療法　吳德華編著　200 元
15. 神奇小針刀療法　韋丹主編　200 元
16. 神奇刮痧療法　童佼寅主編　200 元
17. 神奇氣功療法　陳坤編著　200 元

・常見病藥膳調養叢書・品冠編號 631

1. 脂肪肝四季飲食　蕭守貴著　200 元
2. 高血壓四季飲食　秦玖剛著　200 元
3. 慢性腎炎四季飲食　魏從強著　200 元
4. 高脂血症四季飲食　薛輝著　200 元
5. 慢性胃炎四季飲食　馬秉祥著　200 元
6. 糖尿病四季飲食　王耀獻著　200 元
7. 癌症四季飲食　李忠著　200 元
8. 痛風四季飲食　魯焰主編　200 元
9. 肝炎四季飲食　王虹等著　200 元
10. 肥胖症四季飲食　李偉等著　200 元
11. 膽囊炎、膽石症四季飲食　謝春娥著　200 元

・彩色圖解保健・品冠編號 64

1. 瘦身　主婦之友社　300 元
2. 腰痛　主婦之友社　300 元
3. 肩膀痠痛　主婦之友社　300 元
4. 腰、膝、腳的疼痛　主婦之友社　300 元
5. 壓力、精神疲勞　主婦之友社　300 元
6. 眼睛疲勞、視力減退　主婦之友社　300 元

・休閒保健叢書・品冠編號 641

1.	瘦身保健按摩術	聞慶漢主編	200 元
2.	顏面美容保健按摩術	聞慶漢主編	200 元
3.	足部保健按摩術	聞慶漢主編	200 元
4.	養生保健按摩術	聞慶漢主編	280 元
5.	頭部穴道保健術	柯富陽主編	180 元
6.	健身醫療運動處方	鄭寶田主編	230 元
7.	實用美容美體點穴術＋VCD	李芬莉主編	350 元

・心 想 事 成・品冠編號 65

1.	魔法愛情點心	結城莫拉著	120 元
2.	可愛手工飾品	結城莫拉著	120 元
3.	可愛打扮 & 髮型	結城莫拉著	120 元
4.	撲克牌算命	結城莫拉著	120 元

・健康新視野・品冠編號 651

1.	怎樣讓孩子遠離意外傷害	高溥超等主編	230 元
2.	使孩子聰明的鹼性食品	高溥超等主編	230 元
3.	食物中的降糖藥	高溥超等主編	230 元

・少 年 偵 探・品冠編號 66

1.	怪盜二十面相	（精）	江戶川亂步著	特價 189 元
2.	少年偵探團	（精）	江戶川亂步著	特價 189 元
3.	妖怪博士	（精）	江戶川亂步著	特價 189 元
4.	大金塊	（精）	江戶川亂步著	特價 230 元
5.	青銅魔人	（精）	江戶川亂步著	特價 230 元
6.	地底魔術王	（精）	江戶川亂步著	特價 230 元
7.	透明怪人	（精）	江戶川亂步著	特價 230 元
8.	怪人四十面相	（精）	江戶川亂步著	特價 230 元
9.	宇宙怪人	（精）	江戶川亂步著	特價 230 元
10.	恐怖的鐵塔王國	（精）	江戶川亂步著	特價 230 元
11.	灰色巨人	（精）	江戶川亂步著	特價 230 元
12.	海底魔術師	（精）	江戶川亂步著	特價 230 元
13.	黃金豹	（精）	江戶川亂步著	特價 230 元
14.	魔法博士	（精）	江戶川亂步著	特價 230 元
15.	馬戲怪人	（精）	江戶川亂步著	特價 230 元
16.	魔人銅鑼	（精）	江戶川亂步著	特價 230 元
17.	魔法人偶	（精）	江戶川亂步著	特價 230 元
18.	奇面城的秘密	（精）	江戶川亂步著	特價 230 元
19.	夜光人	（精）	江戶川亂步著	特價 230 元

國家圖書館出版品預行編目資料

輕鬆去污妙方／雷郁玲編著
——初版——臺北市，大展，民 97.06
面；21 公分－（休閒娛樂；27）
ISBN 978-957-468-613-1（平裝）
1. 家政　2. 手冊
420.26　　97006365

輕鬆去污妙方

ISBN 978-957-468-613-1

編 著 者／雷　郁　玲
發 行 人／蔡　森　明
出 版 者／大展出版社有限公司
社　　址／台北市北投區（石牌）致遠一路 2 段 12 巷 1 號
電　　話／(02) 28236031・28236033・28233123
傳　　真／(02) 28272069
郵政劃撥／01669551
網　　址／www.dah-jaan.com.tw
E-mail／service@dah-jaan.com.tw
登 記 證／局版臺業字第 2171 號
承 印 者／國順文具印刷行
裝　　訂／建鑫裝訂有限公司
排 版 者／千兵企業有限公司
初版1刷／2008 年（民 97 年）　6 月
定　價／200 元

大展好書　好書大展
品嘗好書　冠群可期

大展好書　好書大展
品嘗好書　冠群可期